QUELLEN UND FORSCHUNGEN

ZUR

SPRACH- UND CULTURGESCHICHTE

DER

GERMANISCHEN VÖLKER.

HERAUSGEGEBEN

VON

BERNHARD TEN BRINK, ERNST MARTIN,
ERICH SCHMIDT.

LXIII.

GESCHICHTE DES ABLAUTS DER STARKEN ZEITWÖRTER INNERHALB DES SÜDENGLISCHEN VON KARL D. BÜLBRING.

STRASSBURG.
KARL J. TRÜBNER.

LONDON.
TRÜBNER & COMP.
1889.

GESCHICHTE DES ABLAUTS

DER

STARKEN ZEITWÖRTER

INNERHALB DES

SÜDENGLISCHEN

VON

KARL D. BÜLBRING.

STRASSBURG.
VERLAG VON KARL J. TRÜBNER.
1889.

G. Otto's Hof-Buchdruckerei in Darmstadt.

Der Ablaut im Æ. ist in Sievers' angelsächsischer Grammatik ausreichend dargestellt. Für das ME. fehlt es an einer zusammenfassenden Behandlung des Gegenstandes, die auf Vollständigkeit oder Genauigkeit auch nur annähernd Anspruch erheben könnte, und auch solche Arbeiten, die einzelne Dialekte oder Denkmäler betreffen, lassen bei der Besprechung des Ablauts — mit wenig Ausnahmen[1] — in beiden Beziehungen zu wünschen übrig. Die vorliegende Abhandlung ist daher auf neue Sammlungen gegründet. Die zu Rate gezogenen Denkmäler sind:

Marh. Kath. Jul. = die alliterierenden Legenden von der Margarethe, Katharine, Juliane.

AR. = Ancren Riule.

Lamb. = Predigten des Lambethms.

Laȝ. = Laȝamons Brut.

ON. = Owl and Nightingale.

Wright = Gedichte im Anhang von Wrights Ausgabe von ON.

Misc. = Gedichte des Jesusms. in Morris' OE. Miscellany.

Chron. = Chronicle of England in Ritsons Romances.

HLeg. = zwei Legenden aus Horstmanns Sammlung.

Marh. 3. = dritter Text in Cockaynes Ausgabe der Margarethen-Legenden.

Marh. 2. = zweiter Text.

Rob. = Robert von Gloucesters Chronik.

GJesu = Geburt Jesu ed. Horstmann.

Patr. = das Fegefeuer des h. Patrick.

---

[1] Cohns Darstellung der Sprache in den Lambethpredigten sei hier rühmlich hervorgehoben.

HRood = Legends of the Holy Rood.

Jul. 2 = zweiter Text in Cockaynes Ausgabe der Juliane.

Dunst. = Life of Dunstan.

Bek. = Life and Martyrdom of Th. a Beket.

LJesu = Leben Jesu ed. Horstmann.

UsW. = Usages of Winchester.

Ev. = die von Reimann behandelten kentischen Evangelien.

PM. = Poema Morale.

Serm. = kentische Predigten.

Sh. = Shorehams Gedichte.

Aȝ. = Dan. Michels Aȝenbite.

Ch. = drei Romanzen von Chestre.

Troye = Seege of Troye.

Fer. = Ferumbras ed. Herrtage.

Trev. = Trevisas Übersetzung des Polychronicon.

EE. = Vitae der h. Editha und der h. Etheldreda.

Arth. = Arthur ed. Furnivall.

Es sind darunter neben den rein südlichen Texten auch Texte aus den südlichen Grenzgebieten und solche mit dialektisch sehr gemischter Sprache. Ich habe überall die nicht südlichen Formen als solche zu bezeichnen getrachtet.

Wenn mich auch äussere Rücksichten vielfach nötigten die Menge der gesammelten Belegstellen zu beschneiden, so führe ich doch von den meisten und gerade den umfangreichsten Denkmälern für alle vorkommenden verschiedenen Formen Belege an; nur habe ich mir erlaubt vom Präs. die immer wiederkehrenden Formen meist wegzulassen.

Der Übersichtlichkeit wegen beginnt die Arbeit mit den Belegen aus den me. Texten, giebt darnach in umfassender und erläuternder Darstellung die Veränderungen des Ablauts im ME. und schildert endlich die Verhältnisse in den lebenden Dialekten des Südens. Gelegentlich sind Formen von Präteritopräsentien aufgenommen. Aus begreiflichen Gründen habe ich auch gewisse sw. Verben wie *scotian, losian, sceapian* mit herangezogen.

I. DER ABLAUT IM ME.

A. DER ABL. IN DEN EINZELNEN DENKMÄLERN.

Margarethe 1 und Juliane hgg. von Cockayne und **Katharine** hgg. von Einenkel in der EETS 13, 51 und 80. Alle drei in 2 Hss. B. und R. überliefert, Kath. ausserdem in einer jüngeren, C.

I a. prs. eoten 48 b 12[1]; *et* (3. sg.) 51 a 1; *speoken* 50 b 12. 46 b 17. 47 b 3. 12, 5. 2058. 1577 (*speken* C); *biȝeoten* 1619. 2113 (*biȝeten* C); *forȝeoteđ* 49 b 15; *biȝet* 55 b 11; *ȝeoue* 74, 2. 12, 10; *ȝeouen* 269. 639 (*ȝiuen* C); *ȝeoue(n)* B *ȝeue(n)* R 58, 11. 34, 15. 18, 13; *ȝef* (imp.) 19, 16 B 648 (*ȝif* C). 53 b 16; *ȝeueđ* (3. sg.) RB 36, 14; *ȝeue* (conj.) 7, 7; *wreken* 2049 *wreoken* B (fehlt in R); *cweđe* 867 *cweođe* R; *forcweđest* 389; *cweđ* (3. sg.) 379. 1148. 1300. 1485. 2444; *cweđinde* R 36, 2. 36, 10; *meten* 56, 12; *seo* 51 b 3; *aliggen* 40 a 20. *pt. sg. bed* 39 b 1. 30, 3; *cweđ* 47 a 19. 52 a 5; *quođ* 39 b 6. 512. 29, 11; *quod* R 40, 14. 42, 12; *ȝef* 55 a 14; *biȝet* 37 a 16. 8, 4; *lei* 39 b 20. 28; *seh* 38 b 6. 170. 476; *set* 45 a 22. 20. 7; *spek* 39 a 17. 308; *spec* 1836. 40, 8; *wes* 38 a 7. 4, 8; 15. 139 (*was* C); *nes* 118. 50, 6. *pl. bede* 2369; *cweđen* 39 a 18. 539 (*cweađen* C); *cweden* B 26, 13; *cweþen* B 133; *ete* 1549; *ȝeue* 216 *ȝeoue* C; *ȝeue* (2. sg.) 60, 4. 60, 10; *sehen* 278. 1598. 56, 18; *seten* 1253; *leien* 1420. *pp. ibeden* 2431; *iȝeuen* 39 a 2. *unimete* 738; *isehen* 907: *biȝetene* 262; *iseten* 1597. *I b. prs. beoren* 45 a 16. 453 (*bere* C); *beoren* (opt. pl.) 1926; *beređ* (3. sg.) 39 a 3; *breoken* 58, 7 (*broken* B). 47 b 2 B; *heolen* 8, 15; *heleđ* (3. sg.) 49 a 18; *neomen* 28 b 8. 10, 3. 1197. 2117 (*nimen* C); *neome* C 1004; *toteoren* 12, 10; *nim* (imp.) 40 a 1. 36, 13; *brec* (imp.) 52 a 21; *cumen* 340. 397. 42, 6. *overcomen* 47 a 9 B. *binime* (conj.) R 44, 1 *bineome* B; *kimeđ* (3. sg.) 2427 B; *kimest* 62, 18 B. *sg. pt. ber* 53 a 22; *brec* 2263; *scher*

[1] Die Belege von dieser Form sind aus Marh., von der Form 12, 5 aus Jul., von der Form 2058 aus Kath.

55a 11; *com* 84. 152; *nom* 44, 11. 908; *nam* C 1170. 117. *pl. beren* 2463; *breken* 58, 14; *comen* 50a 15. 14; *nomen* 1433; *undernome* 681 (= *neome* C). *pp. iboren* 44 b 6; *ibroken* 1211; *iholen* 2026; *icumen* 4, 2. 650; *acomen* B 1311. 1319; *inumen* 39a 15; *totorren* 42 b 10. *I c. prs. linneđ* 1702; *berninde* 40 b 3. 1353 (*ea* C); *bearninde* 51 b 19, *beorninde* 52 b 12; *bersten* 45 b 22; *derue* 46 b 19; *ȝelden* 569. 50 b 15; *ȝellen* 55 b 9. 2013; *ȝuren* 2014. 48, 5. 51, 18 B; *ȝuring* 50, 18 R; *ȝelpe* 475; *melten* 41 b 20; *swelten* 42 b 9; *mealten* B 20, 10; *schillinde* 52 b 20; *fehten* 605. 766. *fihten* C 766; *asteoruen* 46 b 11; *murnin* 49 a 2; *freinen* 1631. 34, 1. *freinin* B; *warpen* 38 b 13. 41 a 6. 70, 1. 18. 1325; *weo[r]pđ* B 79, 16; *iwurđen* 38 b 11. 40 a 14. 791. 46, 14; *eornen* 2268; *rinneđ* 2477; *burhen* 26, 8; *keoruen* 36, 14; *asteoruen* 46 b 11. *pt. sg. bigon* 38 b 13. 4, 6; *bigen* B 31; *fond* 55 b 15; *font* 860. 42, 14; *bond* 46, 15; *grond* 56, 18 R *gront* B; *slong* 63, 1 B; *wrong* 49, 1 R; *swong* 44 a 7; *lomp* 39 b 20; *sprong* 2456; *ron* 203; *bernde* (intr.) 52 b 12. 54 a 3. 1650 B. 20, 11 R; *bearnde* 20, 11 B. 1650 R. *faht* 55 b 16. 37 b 15. *barst* 51 b 22; *bearst* 59, 10 B; *freinede* 14, 12 R; *ȝurde* 50, 17 R; *braid* R 72, 4 *breid* B; *forswalh* 45 a 15; *warđ* 38 a 11. 27. 38, 3; *ward* C 1242. 53 a 8; *swarf* 2181 *swerf* C *swearf* B; *warp* 54, 2. 78, 4. 829 (*weorp* B). 1190 (*weorp* C). 1405 C; *weorp* 892 (*wearp* C). 1405. 2031. 55, 2 B. 38, 9 RB; *snarchte* 51 b 21 *snercte* B. *pl. bigunnen* 55 b 9. 26, 6 B (*bigonne* R); *bunden* 58, 1. *funden* 52, 2. *fundest* 28, 10. *wrungen* 1359. *sungen* 55 a 17. *grunde* 68, 13. *suncken* R *sunken* B 78, 6. *þrungen* 67, 11 B. *bursten* 58, 8. 52 b 14; *tobursten* 2002 *tobresten* C; *ȝulde* (2. sg.) 215. *wurpen* 1813. *urne* 30, 4. *wurpe* (2. sg.) 60, 13. *iwurđen* 2454 *iworđen* B; *wurđen* 1605. 1727 *worden* B *iwarđen* C. *pp. bigunnen* 395. *ibunden* 45 b 4. *ifunden* 50a 16. *biwunden* 76, 8. *bicoruen* 53 a 5. 40, 7. *storuene* 1043. *iborhen* 56, 8. *ideruet* 53 b 21. *idoruen* 49 b 22. 55 a 19. *awarpen* 45 b 18. 48 a 15. 48, 15. *forswolhen* 47 b 5. *toswollene* 840.

II. prs. blikinde 47 b 16. *grisen* 56, 18. *sikeđ* 74, 7. *igripe* 72, 5. *fliten* 720. *rinen* (ae. hrînan) 56, 15. *reope* 74, 11. *stihen* 1012. 1613. *sihen (sîȝan)* 2321. *speowe* 48, 16.

pt. sg. draf 1065. *abad* 718. *draf* 76, 9 *drof* B. *draf* B 79, 4. *grap* 46, 14. *strac* 41 a 13. 59, 8 B. *agras* 43 b 21. *wrat* 190. *aras* 51 b 22. 1111. *aroas* 337 R. *aran* 54 a 5. *wat* (ging) 1337. *etwat* 2332. *smat* 44 a 20. *schan* 38 b 7. *steh* 37 a 13. 55 a 13. 338 R. 713 R. *steah* BC 714. 338. *unwreah* 1752, *unwreh* R. *blikede* 2364. *sikede* 20, 9 R. *pl. sihen* (zu *sîȥan*) 55 b 3. 76, 4; *stihen* 53 a 6. 55 b 4; *stihe* R *stuhe* B 62, 17; *striken* 51 b 2; *write* 53 b 17; *witen* (wissen) 47 b 3, 921; *nuten* 75, 11; *arisen* 78, 2. *pp. agrisen* 44 a 15. *iwriten* 37 b 16. *idriuen* 1799. *isihen* 2055.

III. prs. beoden 1469; *buhen* 1473. 12, 15; *bruken* 53 a 1; *cheose* 38 b 9; *drehen* 40 b 12. 629. 965; *dreien* 33 *dreaien* B; *dreie* R *drahie* C *dreaie* B 1489; *draien* C *dreaien* B *dreien* R 2206; *dreinne* 40 b 12; *fleon* (fliehen) 49 b 1. (fliegen) 44 b 8; *flih (imp.)* 50 a 19; *flihinde* 44 b 8 B; lihen 14, 10. 36, 12; *þeoten* 161. 55 b 9; *luten* 22, 13; *luken* 2097; *cleouen* 2001 *cleuen* C. *pt. sg. bed* 440. *beh* 55 a 3. 55 a 12. *beah* B 77, 6. *ches* 38 a 15. *ȥet* 16, 13 R *ȥeat* B; *ȥet* B 29, 10. *def* 76, 2. *leac* 52, 13. 72, 7. *lec* 52, 4 R. *hleac* R 70, 13. *leat* 47 a 16. *reat* 58, 13. 54, 1. *creap* 906. *scheat* B 71, 7. *areaw* 1370 *arew* B. *fleah* 16 *fleh* R. *drehde* 1610. 52 a 19. *drehheden* 38 b 1 B. *pl. chure* (2. sg.) 52 b 22. 60, 8. *tuhen* 55 b 10. *drehen* B *druhen* C *drehden* R 631. *buhe* 2368 *buhde* C. *ruten* 2005. *fluhen* 52, 18 R. *toluken* 78, 5. *pp. icoren* 1611. 1288. 38, 11. *forloren* 16, 2. *idrohen* 54 b 17. 34, 10. *toloken* 41 b 6. *itohen* B 9, 9. *ischoten* 72, 4. *ichosen* 834 *cheosen* C. *igoten* 38, 13.

IV. prs. heouen 41 b 17. *heoueð* (plur.) 51 b 18. *heueð* (sg.) B 19, 18. *heuest* 45 b 10. *faren* 1383. 1616. *fearen* (ae. *fêran?*) 1553. *drahen* 1187. *dreihen* R *dreaien* B 30, 8. *flea* R 24, 16. *lahen* 49 a 3. 1545. *stonden* 45 a 4. *stont* (sg.) 1481. 36, 12. *stepen* 49 a 19. *swerie* 2084. 54 a 10. *slea* 47 a 4. *sclein* B 49, 18. *waxeð* 50, 2. 48 a 20 *weosch* (imp.) 52 b 6. *[schuppent* (subst.) R 22, 14, 24, 9.*]* *take* 818. — *pt. sg. sloh* 1126. *stod* 54 b 5. *toc* 480. 70, 7. 46 b 14. *ouerteoc* R 56, 17. *eoc* R 48, 1. *droh* (zog) 4, 4. (ertrug) 48, 9. *hef* 44 a 21. 43 a 7. 181. R 48, 2. *for* 41 b 22. *swor* 13, 8. *schop* C 217. 238 (R *scheop*) *scheop* 217.

303. *schupte* 5, 8 B. 53 b 4. *step* 713. *steap* 1852 *step* C. *weox* 60, 6. 12. 19 (C *wex*) — *pl. drohen* 38 b 1. 2124. *stoden* 64, 12. *token* 2160. *heuen* 39 a 22. 1407. 2462. *stepe* 62, 16. *weoxe* 62, 10. — *pp. iheuen* 53 a 22. 2375. 66, 16. *faren* R 28, 1. *islein* 45 b 18. 199. *idrahen* 1194. 1949. B 35, 13, *idrehen* R. *itake* 1511. *ischapen* 53 b 4. 219. *ischeapen* B 5, 9. *bistonden* 39 a 13. *forsaken* 32, 2.

V. prs. beaten 16, 14. 42, 8. *beten* R 16, 11. *leoten* 2097. *leten* 943. *leapinde* 194 (*e* R). *reade* (raten) 41 b 8. *redeð* (lesen) 53 b 12. *hat* (jubet) 364. *hatte* (vocatur) 39 b 8. 1771. *underuo* 52 b 8. R 765. *fon* 1863. *underfest* 982. *-feng* (imp.) RB 7416. *(a)hon* (tr.) 49, 18. R 28, 5. *hongin* (tr.) R 28, 5. 48, 16. 42 a 1. *hongi (intr.)* 51 b 18. *halden* 1179. 1548. *wealdinde* CR 933 (von *wieldan?*) *wealden* B 15, 2. — *pt. sg. feng* 312. 41 a 1. *feol* 45 b 15. *heold* 433 *held* C. *weol* 1902. R 58, 9. *leop* 38, 1. *leup* B 77, 18. *weolc* 914 *welc* C. *het* (jussit) 38 b 7. 411. *hehte* (jussit) 432. B 29, 6. B 31, 12. (vocabatur) 73. B 5, 4. *let* 595. 812. *lette* 354. 8, 6. *letest* R *lettest* B 62, 13. *readde* B 41, 3. R 41, 12. *redde* R 40, 10. *hongede (intr.)* 29, 7. *dredde* 1913. *bireadde* 1230 *biradde* C. — *pl. heolden* 888 *helden* C. *bihete* 645. *icneowen* 131. *beoten* 26, 5. *weolle* 70, 1. *seowen* 74, 12. *fengen* 55 a 19. *feollen* 1586 *felle* C. *biweopen* 54 b 6. *letten* 2329 *leoten* R. *slepten* 1426. *hongeden* BC 329. *ahongen* (trans.) R 329. 39 a 21. — *pp. iblowen* (zu *blôwan*) 45 b 6. *icnawen* 423. *fon* 39 a 14. *underuo* 1169 = *ue* C. *ahon* 39 a 14. *ihaten* (jussum) 38 a 14. (vocatum) R 4, 3. R 4, 13. *ihalden* 2486. *ibeaten* 16, 7. *ifallen* 1367. *ired* 37 b 2. *ofdred* 675. *adredde* 1336 *adrede* B (plur.).

Eine vollständige Liste der st. Verbalformen in den ***Lambethpredigten*** sieh in Cohns Diss., Berlin 1880.

Ancren Riwle hgg. von Morton. Dazu Kölbings Kollazion in Lemkes Jb. 15, 179. Es ist hier nur die südliche Hs. A benutzt.

Ia. prs. ȝiuen 68, 14. 92, 17. 106, 20. *forgif* 96, 21. 126, 3. *uorȝiten* 396, 11 etc. *liggen* 4, 8. *iseon* 10, 3. *weien* 336, 22. *wrekie* 186, 1. *wreken* 286, 13. — *pt. sg. bed* 234,

19. *cweđ* 238, 2. *et* 52, 21. *ȝef* 52, 21. 92, 16. *ȝefde* 384, 11. *biȝet* 302, 16. 160, 7. *lei* 54, 9. 270, 19. *iseih* 236, 29. 48, 21. *spec* 56, 23. 68, 1. *set* 224, 30. 156, 1. *awrec* 334, 22. 334, 23. *was* 52, 12 etc. *nes* 260, 13 etc. — *pl. bede* 242, 27. *eten* 260, 16. *uorureten* 222, 10. *forȝeten* 330, 12. *iseie* 38, 13. 38, 21. *leien* 106, 12. *seten* 238, 3. *speken* 370, 21. — *pp. iȝiuen* 82, 4. 114, 4. *uorȝiten* 124, 29. 218, 7. *ileien* 326, 25. 328, 4. *imete* 286, 25. *iseken* 92, 4. 420, 7. *ispeken* 48, 1. 90, 5. *istekene* 50, 18. *totreden* 380, 17.

I b. prs. nimen 338, 22. *cume* 158, 6. 70, 19. *kome* 380, 5. (nur das sw. *helien* 84, 15. 88, 20 usw.) — *pt. sg. ber* 368, 20. 370, 14. *com* 236, 20. 358, 30. *nom* 38, 8. *nome* (3. sg.) 370, 15. *brec* 172, 4. — *pl. beren* 152, 3. *comen* 264, 6. *nomen* 370, 9. *breken* 260, 15. — *pp. iboren* 158, 14. *iholen* 146, 21. (*iheled* 70, 3. 72, 5.) *totoren* 362, 18. *icumen* 48, 17. *ikumen* 48, 16. *inumen* 126, 8. *ibroken* 28, 17.

I c. prs. berkest 122, 3. *bersten* 202, 26. *bernen* (intr.) 306, 10. *breiden* 270, 13. 124, 2. *breden* 222, 17. *uorkeoruen* 360, 28. *deruеđ* (trans.) 112, 9. 222, 5. *ureineđ* 152, 6. *uihteđ* 262, 9. *eornen* 74, 22. 86, 19. *ȝelpen* 146, 3. *ȝelden* 58, 16. *helpen* 10, 3. *murnen* 310, 27. *spurnen* 188, 2. *smeorten* 238, 29. *aswelte* 216, 5. *asteoruеđ* 178, 12. *weorpen* 404, 30. *worpen* 306, 12. 40, 8. usw. *iwurđen* 52, 12. 96, 11. *þreosche* 306, 29. — *pt. sg. bigon* 52, 22. *clomb* 354, 22. *dronc* 210, 3. *ivond* 66, 8. *uond* 258, 23. *ilomp* 54, 7. *stonc* 326, 25. *swonc* 110, 21. *biwon* 302, 13. *orn* 188, 14. *bernde* (intr.) 368, 21. *breid* 280, 11. *abreid* 238, 2. *help* 88, 8. 390, 5. *kerf* 398, 28. *murnede* 366, 30. *sterf* 366, 14. *werp* 52, 26. 280, 11. 388, 2. *iweard* 236, 27. 236, 24. — *pl. grunde* 70, 13. *stunken* 86, 18. *stuncken* 106, 12. *ifunden* 270, 21. *clumben* 278, 2. 244, 18. *urnen* 112, 4. 188, 12. *fuhten* 196, 9. *duluen* 292, 11. 292, 13. *dulue* (conj.) 384, 16. *hulpe* 220, 28. 320, 10. *kurue* 384, 16. *ȝulden* 404, 18. 406, 9. *wurpe* 122, 17. *melten* (intr.) 110, 15. — *pp. bigunne* 72, 12. *iclumben* 178, 2. *uordrunken* 214, 24. *ibunden* 254, 22. *ifunden* 48, 17. *iswunken* 404, 13. *iwunnen* 408, 9. *ibollen* 282, 10. *tobollen* 122, 16. 282, 8. *iboruwen* 8, 18. 278, 25. *ikoruen* 362, 1. *iholpen* 242, 18. *idoluen* 292, 9. *idoruen* 106, 14. *iderued*

106, 10. 192, 19. *iureinet* 338, 14. *istoruen* 308, 24. *astoruen* 310, 14. *toswollen* 282, 8. *iworpen* 368, 22. 148, 24. *forwurđen* 148, 25. *iđrosschen* 186, 18.

II. prs. gniden 238, 28. *siken* 88, 4. 310, 11. *blikien* 362. *stien (stîȝan)* 356, 5. 40, 7. 362, 5. *speouwen* 86, 19. *spi* (imp.) 310, 5. *wrien* 84, 14. *unwreon* 88, 19. 316, 25. — *pt. sg. arinede* 408, 4. *aros* 234, 25. *schrof* 68, 11. *wrot* 12, 1. *steih* 250, 8. 250, 15. *wreih* 390, 26. *unwreih* 56, 3. 58, 6. — *pl. driuen* 122, 8. *gniden* 260, 16. *smiten* 110, 14. *unwrien* 58, 1. 152, 12. [*witen* 96, 23. *wuteđ* 68, 23. 92, 5.] — *pp. ischriuen* 68, 11. *biswiken* 54, 15. *istien* 400, 15. *iwriten* 20, 16. *iwritten* 34, 16. *iwrien* 58, 4. 58, 12. 388, 19.

III. prs. bruken 302, 17. *buwen* 20, 1. 280, 23. *cheouweđ* 80, 1. *fleoteđ* 76, 1. *drien* 80, 6. 112, 6. *fleon* (fliegen) 142, 10. (fliehen) 160, 5. *liȝen* 12, 10. *lien* 68, 13. 82, 15. *luteđ* 18, 16. *duueđ* 282, 10. *þeoteđ* 120, 11. *schuueđ* 314, 3. 314, 5. — *pt. sg. bead* 230, 18. *beih* 78, 5. 304, 9. *dreih* 354, 13. 136, 4. *fleih* 158, 18. *leas* 54, 21. *uorleas* 232, 28. *sec* 330, 6. [*deih* 420, 10.] — *pl. uorbuwen* 306, 8. *fluwen* 154, 7. *vluwen* 392, 2. *fluen* 106, 17. 110, 18. *uorlure* 310, 29. — *pp. uorbode* 54, 2. *icoren* 160, 6. *ichosen* 56, 14. 244, 2. *ivlowen* 170, 2. 168, 21. *vorloren* 10, 11. 10, 12. *ilokene* 56, 6. *bilowen* 68, 9. *ischumen* 316, 2. *etslopen* 148, 15. *itowen* 176, 8. 108, 9. *untouwe* 102, 3.

IV. prs. aece 368, 26. *eke* 360, 29. *ekinde* 360, 23. *faređ* 214, 4. *forgnaweđ* 338, 6. *hebben* 264, 26. 156, 24. *aheuinde* 16, 1. *heueđ* (3. sg.) 86, 5. *hefđ* (3. sg.) 32, 14. *hef* (imp.) 290, 10. *lauhwen* 270, 12. 320, 4. 424, 21. *slean* 138, 4. *slenne* 130, 3. *forsakeđ* 226, 12. *stonden* 20, 27. *scheken* 344, 28. *schekeđ* (3. sg.) 60, 21. 240, 4. *schekinde* 60, 21. *swerien* 70, 20. *wadeđ* 74, 24. *waxeđ* 74, 28. *wacseđ* 54, 13. *wasshen* 424, 27. 380, 8. *forschuppeđ* 120, 8. 120, 19. [*schepieđ* 420, 14.] — *pt. drouh* 102, 6. 238, 22. *drowen* 112, 24. *hef* 122, 21. 280, 12. *schop* 138, 28. *slouh* 118, 11. *slowen* 366, 1. *stod* 238, 3. *uorsoke* 108, 15. *oftoken* 244, 17. *weox* 258, 21. *weoschs* 56, 15. — *pp. idrawen* 338, 15. *ihouen* 282, 8. *iuaren* 366, 29. *ouerladen* 368, 21. *isleiene* 54, 24. 118, 12. *isworen* 96, 20. *uorsaken* 336, 5. *understonden*

358, 26. *iwaxen* 380, 22. *iwaschen* 288, 11. *unweasschene* 82, 9. *forschupped* 120, 21. *[ischeaped* 200, 9*]*.

V. prs. bloawen (ae. *blâwan*) 210, 23. 214, 11. *blowe* 80, 14. 96, 17. *dreden* 90, 8. 228, 2. *biualleđ* 246, 2. *feolleđ* (3. sg.) 272, 24. *underuon* 14, 21. 424, 12. *fođ* 88, 4. 288, 23. *underuongen* 362, 16. 390, 12. 156, 6. *holden* 4, 14. 8, 9. *halt* (3. sg.) 16, 25. 50, 17. 74, 5. *bihold* (imp.) 90, 23. *bihoten* 6, 20. 8, 14. *hat* (jubet) 6, 16. 58, 11. 408, 18. *hette* (vocatur) 134, 25. 204, 10. *hot* (imp.) 290, 7. *hongen* (intr.) 122, 8. *leten* 6, 27. *reade* (raten) 24, 29. *redeđ* (lesen) 44, 8. 46, 24. *readeđ* (lesen) 430, 24. *swowinde* 288, 25. *scheaden* (teilen) 270, 27. *schedeđ* (vergiessen) 166, 7. *walkien* 4, 8. *wallinde* 246, 7. *weallinde* 216, 4. *biweopen* 156, 9. *biwepen* 108, 15. — *pt. beot* 364, 26. *beote* 364, 24. *uleau* (floss) 112, 4. *ueol* 366, 15. *feolle* 58, 4. *fleoweden* (flossen) 110, 15. *dredde* 278, 16. *bihet* 310, 14. *forheten* 192, 26. *heold* 66, 3. *heolden* 110, 17. *underueng* 40, 15. 366, 24. *leop* 52, 14. *leope* 140, 5. *lette* (sg.) 48, 18. 54, 26. *schedde* (vergoss) 312, 19. *slepte* 238, 3. 270, 19. *sleptest* 238, 4. *weop* 106, 18. 224, 30. — *pp. ibeaten* 326, 1. *underuon* 146, 25. *icnowen* 64, 26. *iknoawen* 224, 1. *toblowen* (zu *blâwan*) 122, 16. *ihongede* (trans.) 348, 17. *iuolden* 122, 23. *iuallen* 58, 17. 278, 11. *ivollen* 74, 22., 370, 22. *iueollen* 270, 22. *ihoten* 58, 3. *iholden* 6, 19. *ofdred* 368, 26. *ileten* 112, 20. 112, 19. 422, 16. *ished* (vergossen) 402, 21.

Laȝamons Brut hgg. von Madden. Ich vervollständige und berichtige Callenbergs Listen in HA 57, 317; *biddan* fehlt ganz bei ihm.

Zu 1a. prs. bidde A *bid* B 3213. *bide* A *ibide* B 31082. *bedden* A *bidde* B 8295 *beoden* A 25514. *weieđ* A 20137. *wærken* A *wreken* B 7751. — *pt. sg. bad* A B 3958. *bed* A 32048. *bede* (3. sg.) A B 29884. *bead* A 4879. *rack* B 9320. *weiede* A 26279. — *pl. bede(n)* A B 12379. *beade* B 26288. *beode* 11119. *bedde* (2. sg.) *bede* B 19786. *forlæiȝen* A 15375. *totreden* A *totreade* B 26771. *weȝe* A 24471. *wæiden* A 21869. *weiden* A 19127. *wreken* A B 13749. — *part. totredene* A *totreode* B 27473. *underȝeten* A 26869.

Ib. pt. pl. quelen 31826 A *neme* B 15214. B 6723. *totere* B 21874. — *part. totore(n)* A B 4994.

Ic. prs. aburhȝen (Ms. = *es*) A 20281. *fihte* A *fiþte* B 1359. *fuhten* A 3939. *ȝelle* B 16407. *aswint* A B 17940. *scrinkin* A 2278. *frœinien* A 17116. — *pt. sg. biberh* A 1461. *funde* A B 22. *aswond* A 31793. *derfde* A 8731. — *pt. pl. ȝurren* A 28358. *gullen* A *ȝelle* B 16407. *gullen* A *ȝolle* B 18317, 9797. *toborste* B 5926. — *pp. abolȝen* A 25935. *iderued* A 18715. *tobursten* A 27520. *ibroiden* A 29252. *ibroiden* A *hiibrode* B 23764. *toswollen* A 17815. *aswunden* A *aswonde* B 19599. *aswounde* B 19317. *itælded* A 17489.

II. prs. rine A *ryne* B (regnen, *: time* A, *: tyme* B) 28303. *sie (sîȝan)* B 14532. *strike(n)* A B 20304. *scriuę(n)* A B 18392. *siche* A *sike* B 12772. *sike(n)* A B 13626. *weinen (hwînan)* A 25827. *blikien* A 27360. *blikiende* B 27354. — *pt. sg. tochan* A *tochon* B 21235. *mæh* A *meh* B 17726. *atran* A 1554. *rinde* A *reinede* B (regnete) 3895. [*siþte* B 3108] *seh* A *soh* B 2918. *strak* A 9318. *wlæt* A 17113. A 30499 (steht bei Callenberg fälschlich unter *flêotan*). *wæt* (ging) A 26072. *iwat* A 7557. *iwhat (: ismat)* A 25616. *iuatte* A 235. — *pl. repen* A B 10033. *liđen* A (B *comen*) 20046. *liđe* (B *wendest*) A 5045. *liþede* B 1784. *liđđen* A 1272 (wofür nach Madden *liđđen* zu lesen wäre). *iwiten* (gingen) A 18116. — *pp. irinen* (berührt) A 24600. *isiȝe(n)* A B 21332. *isiȝen* A *iseȝen* B 17921. *iwite* (bestraft) A 2084. *biwriȝen* A *biwreȝe* B 5366. [*islit* ist sw. part. zu *slitten*, mhd. *slitzen*.]

III. prs. bede B 4386. *forbeode* A 781. *bide* A B 25203. *breođe(n)* A B 30415. *breþiþ* B 5196. *buwen* A 4889. *brukien* A 21347. *brouki* B 24083. *todrese* B 9245. *driȝe(n)* A B 370. *drien* A *dreȝe* B 6228. *driȝe* A *drihe* B 28091. *dreie* B 13281. *fleon* A 1578. *flonne* A 9339. *flænnę* A *flende* B 6808. *ileoten (hlêotan)* A 31306. [*scotien* A 16556.] *tiđ* (3. sg.) A 21607. — *pt. sg. læc* A 15311 *forcleaf* B 26455. *bæd* A *bead* B 18821. 9023. *bed* A *bad* B 23407. *bad* A B 2730. *forbed* B 20579. *beide* A 25529. — *pl. buden* A 5146. *beiden* A 5179. *biden* A *beden* B 10062. *sude(n)* A B 20978 *luten* (zu ae. *lûtan*) 1880 A. *toluken* A *toloke* (Ms. *tosoke*) B 2602. *ruren* A 27986. — *pp. boden* A B 1436. *tobrosene* A 16952. (Madden: das Wort ist zweifelhaft; es scheint zuerst ohne b geschrieben zu sein.) *ilote(n)* A B 7819 (zu ae. *hlêotan*). *itowe(n)* A B 2719. *icore(n)* (: *iboren*) A B 28643.

IV. prs. scecky B 1536. *atsceken* A 26516. *grauie* B 9960. — *praet. sg. ofslæh* A 29134. *pl. tostepen* A *tostapte* B 17406. *wiđsoc* A *wiþsock* B 13000. *scaft* A *safde* B 22293. *scæft* A 22293. *scupte* A *sipte* B 1951. *scopte* B 9970. *bigolen* A 19256. — *part. understonde* A *onderstode* B 26218.

V. prs. tobetet 3308. *ȝonge* (: *longe*) B 9061. *ȝeong* A 27764. *ȝungen* A 8436. (Alle von Callenberg unter *hâtan* angeführten Formen bedeuten „befehlen“.) „Vocor“: *hahte* A *hatte* B 7288. *hæhte* A *hote* B 6207. *hatte* A 4643. *hehten* (3. sg.) A *hette* B 11776. *bannen* A *banni* B 7952. *bonnien* A *banni* B 8054. *beonnen* A 28401. *bonnen* (: *monnen*) A *banni* (: *manne*) B 15406. *wroteđ* 3308. — *pt. sg.* (vocabatur) *hæhte* A *hehte* B 29719. 12706. *hehte* A *hatte* B 6312. 26185. *heihte* A *heþte* B 542. *hatte* A *heþte* B 1117. *haihte* A *hehte* B 1713. (nominavit:) *hæhte* A *hatte* B 26146. *hahte* A *hehte* B 2665. *heoten* B *hote* B 9629. (plur.) *hahten* A *heote* B 2669. *hæhten* A 14244. *hehte(n)* A B 2060 (sing.) *feold* 10544. *bleou* A *bloude* B (blühte) 2013 (in A reimt es mit *greu* „wuchs“). *hing* A *heng* B 18374. *forlette* (: *imette*) A B 6771. *forlette* A *forlet* B 16512. *toscædde* (: *læide* „legte“) A 30262. *scede* A *sadde* B 5187. *sadde* (: *dead* „tot“) B 7650. — *plur.: rædden* A *raden* B 13374. *ræden* 11414. (vergl. Callenberg S. 340.) *bonneden* A 22288. *beonneden* A 22298. *seowen* A *isewen* B (: *meowen* (mähten) A, : *mewen* B) 1943. *bifloȝede* B *bifledde* A (floss vorbei) 25738. — *part. underuonge* A 26258. *aȝonge* A *agon* B 24195. *biȝeonge* A *biȝonge* B (: *londe*) 23702. *ofdredde* A *adradde* B 7575. *walken* A 112. (vocatum:) *ihate* A 26663. *ihæten* A *ihote* B 11090. *ihoten* A *hote* B 2. *þrauwen* A 27358. *ilete* A *hilete* B 18980. *umberowen* A 114. *iswoȝe(n)* A B 4516. *iswowen* A 3074. *ibonned* (: *monnen*) A *ibanned* (: *manne*) B 20206.

ibonned A *ibannede* B *(Rome* A B*)* 9732. *ibon* (: *mon)* A 12805. 250788. *iboned* A 8086.

Owl a. Nightingale hgg. von Stratmann.

I a. prs. ofligge 1505. *iqueþe* : *itrede* 501. *bizete* : *mete* 1629. *zeue* 890. 1710. *ziue* 1692. — *pt. sg. cwaþ* (A *queþ*) 1177. 1729. *zaf* 1101. 149. 55. *zef* 1176. *underzat* : *iwhat* 1055. *lai* : *awai* 1509. *isez* C *iseyh* 29. *sat* 15. 145. *spac* 396. 1707. *was* C *wes* A 1. 5. — *pl. leie* : *adeleye* (*ǣz*) 136, *bede* (2. sg.) : *sede* (*sǣde*) 550. : *cunrede* 1678. *seten* 1102. *speke* : *breke* (inf.) 1079. *iseze* C *iseye* A : *eze* (*êazan*) 382. 425. *were* : *ere* 1309. — *pp. icwede* : *stede* 1653. *iziue* 551. *vnderzete* : *hete* (ae. *hete*) 168. *bispeke* : *tobreke* (inf.) 1738. *itrede* : *iqueþe* (inf.) 501. *awreke* : *speke* (inf.) 262. 1105.

I b. prs. forhele : *fele* (*fêlan*) 796. *breke* : *speke* (*spǣcon*) 1080. — *pt. sg. nom* 124. 1073. *com* 132. 133. — *pl. stele* (2. sg.) 103. *come* : *Rome* 1015. *bicome* : *dome* 1791. *ouercome* : *dome* 1743. — *pp. adwole* : *Nichole* 1777.

I c. prs. urne : *ifurne* (ae. *zefyrn*) 638. *urneþ* C *eorneþ* A 375. *berne* : *erne* (got. *rannjan*) 1203. *berste* : *furste* 122. *forbredeþ* : *awedeþ* 510. *forbreideþ* : *nawedeþ* 1383. *upbreide* : *bigrede* (*zrǣdan*) 1414. *fihte* : *rihte* 667. *zulinge* C *yollinge* A 1643. *zollen* 977. 972. *yelpest* A *zeolpest* C 1299. *worpe* C *werpe* A 768 *wurþ(e)* 1173. 1158. — *pt. sg. song* 20. 26. *swonc* 462. *vazt* 1071. *zal* 112. *swal* : *al* 7. *warp* 45. 125. — *pl. sunge* (2. sg.) 1049. 1052. *wurþe* 400. — *part. istunge* 515. *iþrunge* : *tunge* 38. *aswunde* 1480. *iborze* : *sorwe* 881. *tobrode* : *unsode* 1008. *forbrode* : *rode* (*rôd*) 1381. *atbroide* 1380. *ibolwe* : *iswolze* 145. *toswolle* 145. *idorue* : *orue* (*orf*) 1158. *astorue* : *orue* 1200. *iworpe* 1121. *iworþe* : *worde* 660. *forwurþe* : *borde* 1491. *forworþe* C *forwurþe* A : *worde* 548.

II. prs. isuicst C *swykst* A : *flihst* 406. *sikþ* A *sihđ* C 1587. *stizþ* 1405. *biwreo* A *biwro* C (: *iseo*) 673. — *pt. sg. abod* 1175. *wot* 1190. 1192. *wat* 1179. 1194. [*syhte* A *sizte* C : *mihte* 1291]. — *pl. wite* 1249. — *pp. islide* : *cwĭde* 686. *atwiten* 935. *unwroze* : *iloze* 848. *unwrozen* C *unwryen* A 162.

III. prs. atrute 1168. *tihþ* 1435. — *pt. sg. forles* 1100. *bilek* A *bileck* C 1081. — *pp. forlore : more* 1391. 845. *ishote : þrote* 23. : *note* 1122. 1623.

IV. prs. toschakeþ : makeþ 1647. *west* (2. sg. v. *weaxan*) 689. — *pt. for : stôr* 1474. *forre* C 386. — *pp. idraȝe : haȝe* 586 : *laȝe* 1062. *ifare* 1709. *islaȝe : lifdaȝe* 1142 : *haȝe* 1612.

V. prs. hot (jubet) : *nôt* 777. *ivo : to* 612. 1628. *avoth : sôth* 44. *fonge : ihonge* 1135. *misfonge : songe* 1374, : *longe* 1440. *unhoþ : ifoþ* 1646. *clawe* 154. *schede* (teilen) 197. *schedde* 1616 (giessen). *forleten : wepen (wêpan)* 986. *lat* (imper.) 258. 260. *lateþ* C *leteþ* A 1729. 1735. 1737. *spanne : manne* 1490. — *pt. sg. bihold* 30. *heold* A *hold* C 144. 108. *let* 8. 1097. *lette* 952. — *pl. lete* (2. sg.) : *ȝette* (*ȝiet*) 1308. — *pp. ibanned* 1668. *iblowe* (zu *blowân*) : *bigrowe* 618. — *pp. isowe : crowe* (*crâwe*) 1614. 1129.

Aus derselben hs. C nach **Wrights Ausg.** von Owl a. Nightingale.

prs. steo : gleo 64. *gripe* 23. — *pt. sg. scheop* 79. *wep* 84. — *pt. pl. iseȝe* (zu *sêon*) : *êȝe : leie* (*lêh*) : *breye* (brühe) 79. *sunge* (2. sg.) : *tunge* 76. — *pp. iþrunge : tunge* 76. *forbode* 81. *todroren* (zu *drêosan*, hs. hat *todrehen*) : *iboren : isworen : forloren* 72. *ischapen* 72.

An Old English Miscellany hgg. von Morris. Alle Formen sind aus dem Jesus Ms.

Ia. prs. yeue 10, 209. 15, 140. *ymete : swete* 3, 260. *foryeteþ* 15, 208. *éte* 1, 30. *drepeþ* 19, 133. *liggen* 23, 118. — *pt. sg. bed : goddéde* 3, 294. *queþ* 1, 111. 15, 25. *yef* 1, 267. 1, 405. *et* 1, 44. *set* 1, 106. 1, 562. *iseyh* 1, 199. 1, 211. *spek* 1, 314. 3, 278. *wes : wemmeles* 16, 10. *was : kayphas* 1, 238. 1, 280. — *pl. queþen* 1, 97. *speke* (2. sg.) : *eke* (*êac*) 16, 15. *leyen* 1, 195. *séte* 15, 2. *yeuen* 1, 533. *yseye : deye* (mori) 1, 130. : *eye* (*êaȝe*) 1, 560. 3, 305. *were : here* (*hêr*) 1, 153. *nere : yuere* 1, 94. — *pp. ibede* 1, 165. *yyeue* 1, 202. 1, 413. *biyeten : iseten* 1, 265. *ifreten : foryeten* 19, 19. *unymete : stréte* 3, 139. *ispeke : tobreke* (inf.) 1, 587. *léyen* 19, 258.

I b. prs. quele : weole (wela) 155. — *pt. sg. ber* 1, 393. *tobrek* 1, 315. 1, 675. *nom : mŏn* 1, 393. 1, 126. *com : non (nôn)* 1, 477. : *rŏn* 1, 499. : *bigŏn* 1, 34. — *pl. breken* 1, 493. *nómen* 1, 687.

I c. prs. forberne : turneþ : yorne (*ȝeorn*) 3, 17. *vyhte : mihte* 1, 204. *upbreyde* 15, 279. *imulten* (intr., v. l. *melten*) 15, 385. *smeorte : heorte* 15, 243. *werpeþ* 19, 153. *iwurþe* 15, 263, : *eorþe* 3, 204. *wurþien* 15, 383. *iworþe* 1, 159. *gynneþ* 15, 402. — *pt. sg. yelp* 1, 330. *help* 3, 293. *swal* 3, 297. *gon* 1, 32, 1, 156. *funde* 19, 159. : *stunde* 1, 166. *ron : com* 1, 500. *orn* 1, 162. *wond : hond* 1, 234. 1, 510. — *pl. yolde* 1, 61. *wurpen* 19, 143. *wurþe* 1, 418. *gunne* 3, 309. *bunde : grunde* 1, 196. *funde* 1, 325. *runnen* 16, 53. *sunge : tunge* 1, 659. 23, 174. — *pp. iborewe : seorewe* (*sorh*) 19, 279. *iþrunge : lunge* 23, 176. *aswunde* 15, 117.

II. prs. steo : biseo : beo 20, 38. *astyen* 1, 624. 1, 585. *asyen* (*sîȝan*) 9, 10. *hwyne : pyne* 3, 309. *iþeo : beo* 1, 698. *unwreo : treo* 9, 32. *attryne* 3, 258. *chynen* 3, 44. *gripen* 23, 76. *gnyde* 15, 201. — *pt. sg. tochon : euerychon* 9, 77. *asteyh : neyh* (*nêah*) 1, 643. *astey* 1, 583. — *pl. arysen* 1, 243. *smyten* 1, 273. *wryþen* 1, 383. [*wite* 15, 244. *wuten* 25, 5. *nvten* 1, 442.] — *pp. iglyden* 10, 71. *biswike* 25, 116. *ischriuen : lyuen* 19, 189. *iwrithe* 1, 79.

III. prs. beode : neode 10, 109. *forbeode : quede* 1, 249. *bruke : puke* 3, 117. *buhþ : muþ* 10, 102. *buwe : treowe* (*trêowe*) 15, 294. *todreosen* 10, 48. *uordrye* 15, 326. *alute* 1, 382. *lukeþ : sukeþ* 19, 135. — *pt. sg. forbed : ded* (*dêad*) 1, 496. : *fet* (*fêt*) 1, 581. *ches* 1, 42. *forles* 25, 9. *schef* 1, 499. — *pl. lowen* 1, 241. *lure : dure* (*duru*) 19, 140. — *pp. forbode* 25, 14. *ycóre : ibore* 1, 22. 19, 216. *todrore : forlore : ibore* 23, 62. : *ifrore* 19, 182. *idrowe : bitowe* 15, 156. *vnloke* 19, 9. *iscohte : dote* 19, 421.

IV. prs. ake : wake : sake : take 10, 58. *takeþ* (3. sg.) : *brekeþ* 19, 106. *drayeþ* (plur.) 19, 163. *drauh* (imp.) 10, 202. *waxeþ* 10, 61. *wexynde* 15, 168. *swerie : herye* 3, 19. — *pt. scop* 3, 350. 17, 23. 1, 483. *ischop* 1, 703. *iscohp* 1, 19. — *pp. todrawe : lawe* (*laȝu*) 19, 71. *todrayen : mawen* (*maȝa*) 19, 147. *islawe : lawe* 1, 524. *fursake* 1, 300. *ischape*

23, 88. 15, 143. *iswore* : *ibore* 23, 60. *understonde* : *londe* 1, 518.

V. prs. bihat (3. sg.) 15, 347. *bete* : *swete* 1, 377. *crowe* : *yknowe* 1, 141. *reowe* : *floweþ* 15, 145. *underfon* : *on* 19, 236. *underfoþ* : *doþ* 19, 43. *underuongeþ* 1, 628. *anhon* : *don* 16, 36. *léten* 15, 166. *rede* : *seyde* 1, 131. 1, 274. *welde* : *wolde* (*wolde*) 15, 284. *awelde* : *ealde* (subst.) 15, 442. *vnderwrote* : *bote* (*bôt*) 10, 123. *walleþ* 19, 124. — *pt. sg. fel* 1, 580. *feol* 25, 8. *heyhte* (jussit) 1, 377. 1, 507. *hatte* (vocabatur) 1, 26. 1, 506. *heng* (intr.) 1, 455. *vnderfong* : *strong* 19, 248. *vnderueng* 1, 688. *leop* 1, 263. *lette* 1, 229. *schedde* 25, 22. 1, 64. *weop* 25, 95. — *pl. iknowe* : *treowe* 10, 89. *iknewe* 1, 294. *veollen* 1, 188. *vellen* 1, 542. *honge* (trans.) 1, 439, *tobeote* : *yeote* (*ȝêotan*) 1, 385. *bihehte* : *strete* 23, 98. *greowe* 15, 125. *grewen* 1, 384. *heolde* 1, 326. *redde* 1, 539. *radden* 1, 469. *wolde* 15, 389. — *pp. ofdred* : *gled* 1, 664. : *iled* 1, 213. *yuonge* : *anhonge* (part.) 1, 460. *anhón* : *idon* 19, 36. *ifalle* : *alle* 23, 26. *isowe* : *biknowe* 20, 33.

Chronicle of England in Ritsons Metrical Romances 2, 270.

Pt. sg. foryef : *gref* (afrz. *grief*) 737. *underyeet* : *seet* 663. *ber* : *yêr* 260. 304. *nom* : *mŏn* 689. 724. *wes* : *les* (*lêas*) 102. 125. : *ches* (*chêas*) 601. 116. *was* : *Eboras* 140. : *Hudybras* 150. *yeld* 842. *schet* : *gret* (*ȝrêat*). *bed* : *ded* (*dêad*) 122. *hyht* : *knyht* (vocabatur) 278. — *pl. tobraste* : *tuaste* 64. — *pp. ichose* 102. *slawen* 831.

Aus Horstmanns *ae. Legenden,* neue Folge, S. 211 bis 224. *prs. isoen* : *boen* 1, 204. *ise* : *be* 1, 84. *toe* : *boe* 1, 184. *te* : *kne* 1, 165. *waden* 1, 136. *fonge* : *longe* 1, 51. — *pt. sg. bad* 1, 231. *bat* : *isprad* 2. 75. *quad* 1, 373. 1, 376. *spek* 1, 197. *spak* 1, 299. *sey* 1, 166. *sau* 2, 85. *seet* 1, 298. *sat* 2, 98. *les* (*lêas*) 2, 70. *shôp* : *stôp* 1, 112. *louh* : *inouh* 1, 263. *heiȝte* (vocabatur) 1, 67. *bihoeld* 1, 121. *wep* : *dep* (*dêop*) 1, 323. *let* 1, 114. 1, 409. *lete* 1, 317. *lette* 1, 335. — *pl. ȝeue* : *êue* 2, 157. *bede* : *wêde* 2, 187. *wepe* : *depe* 1, 161. *lete* 1, 85. — part. *ifouhte* : *þouhte* 1, 283. *iwopen* 1, 193. *iswowe* : *inowe* 1, 159.

Margarethe 3 hgg. von Cockayne in EETS Band 13, 34.

prs. ȝeuen 8, 2. *lie* (inf.) *: Asie* 76, 4. *neme : leme* (*lim, leom*) *: aferene* 41, 2. *nemme : steuene : euene* 66, 3. *nym* (imper.) 67, 4. *worþe* 57, 4. *bersten* 62, 3. *renne : henne : brenne* 59, 2. *drie* (*drêoȝan*) *: lie* (*lêoȝan*) *: eie : struye* 52, 1. *sclo : go : þo* 65, 1. *slen* 9, 2. *flo : go : mo* 34, 1. *lowe* (*hlôwan*) *: sclowe* (du schlugest) *: inowe* 50, 3. *lete : swête* 1, 1. — *pt. sg. sei* 9, 3. 43, 2. *yef* 1, 2. *bed* 3, 4. *spec* 19, 1. 29, 1. *lai : dai* 26, 1. *bere* (3. sg.) *: fur-fare : yare* (*ȝearu*) 4, 1. *wert* (*wearđ*) 43, 4. 65, 3. *wort* 41, 2. *yeld* 50, 4. *swalen* (verschlang) 44, 3. *barst* 44, 4. *orn* 23, 3. 60, 3. *ron* 30, 3. *ches* 2, 2. *flei* 44, 1. *heit* (jussit) 8, 4. *heist* 39, 1. *heitte* 55, 2. — *pl. boden* 12, 3. *bihulde : elde* (adj.) *: felde* (*feld*) *: welde* (*wieldan*) 7, 3. *letten* 60, 1. 60, 2. — *part. iȝeuen* 14, 3. *speke* 67, 2. *iborsten* 51, 3. *flo : so : fro* 36, 2. *sclawen* 37, 4. 45, 3. *ignawe : drawe : plawe* 33, 4. *iheuen* 22, 1. *iwalken* 49, 3.

Robert von Gloucester's Chronicle hgg. von Hearne. Die Belege von den Seiten 356—382 und 465—571 sind aus dem bessern Cotton Ms. Caligula A XI (der erste Abschnitt steht in den Specimens von Morris und Skeat). Auch die Harl. und die Arundel Hs. sind von südlichen Schreibern.

Ia. prs. ligge 557. 100. *ȝiue : idriue* (part.) 471. 512. *biliue* 496. *forȝeue : biliue* 35. *bygyte : ywyte* 283. *begete : ywyte* 153. *gete : ysmyte* 152. *ise* (H. *isey*) *: be* 361. — *pt. sg. bed* 469. *: ded* (*dêad*) 123. *bad* 129. *bede : red* (*rǣd*) 166. *byqueþ : deþ* (*dêaþ*) 382. 381. 314. *quath* 500. 501. *quoth* 525. 35. 115. *et(e)* 244, *: let* (*lêt*) 392. *fret : let* 203. *yaf* (H *ȝef*) 360. *ȝef : toclef* (*clêaf*) 401. 210. 17. *biȝet* 516. 10. *vnderȝet : gret* (*ȝrêat*) 157. *lay : day* 467. 491. 372. *: may* 13. *: say* (*seah*) 416. etc. *sat* 475. 535. (*i*) *say : day* 526. 535. 528. 525. 561. *: sprai* 552. *isey : hey* (*hêah*) 542. 283. 304. 333. *isei : nei* 548. 44. etc. *spac : brac* 321. *speke : tobrec* 419. *spec* 522. 453.

was : cas 465. 467. 265. 282. *: Thomas* 469. *: alas* 480. *: trespas* 488. 291. *: solas* 476. *: Eneas* 45. *: pas* 149. etc. *nas : was* 403. 389. 284. 73. 86. 234. 56. 70. 285. 227. 254. 45. etc. *nas : cas* 263. *: Thomas* 476. *wes* 36. 84. etc. *wos* 213. — *pl. bede : drede* (timor) 120. *: wede* (*wǣd*) 165. *: nede* 239. *: dede* (*dǣd*) 449. 99. 32. *: rede* (*rǣd*) 545. *bade : made* 334. 339. 547. (aber 334 hat Ar. ms. *bede : dede* (*dǣd*), 339 bietet Ar. einen völlig abweichenden Text ohne den angeführten Reim, 547 giebt Hearne allerdings keine andere Lesart, aber die von Wright zu erwartende neue Ausgabe wird vielleicht auch diesen einzigen Reim als nicht ursprünglich darthun.) *yeue : leue* (*lêaf*) 16. 553. 471. *: bileue* (*lǣfan*) 480. 239. *ete : mete* (*mêtan*) 558. *: lete* (*lêton*) 404. 408. *bigete : lete* 129 (man wird hier der Lesart von Ar. folgen müssen, wo *lete* inf. ist). *laye : bytraye* 144. *laie* 544. *leie* 561. *sete* 435. *speke* 465. *iseye : deie* (mori) 499. 549. 216. *: eye* (*êaȝe*) 338. 406. *: heye* (*hêah*) 251. 552. 462. *isei* 543. *were : there* 468. 489. *: ȝere* 467. *: fere* (*fǣr*) 308. — *part. bede : lede* (*lǣdan*) 255. *ybede : stude* 383. *ȝebede : seyde* 335. *yȝete* (zu *etan*) *: mĕte* 359. 117. 277. *cancrefrete* 299. *yetę* 418. *iȝiue* 471. *byȝyte : ysmyte* 219. *vnderȝite : wyte* 101. *forgete : ywyte* 118. *ygete : ywyte* 10. 42. *bigete : ywriton* 26. *ispeke : breke* (inf.) 522. *bispeke* 528. 554. *: awreke* (inf.) 55. 211. *yspoke* 231. *ileye* 518. 282. *yseye : contreye* 418. *: eye* (*eȝe*) 469. *awreke : speke* (inf.) 199.

Ib. prs. nome : come (pt. pl.) 123. (Aber es ist wohl *schulde* zu streichen, so dass *nome* dann auch pt. ist.) — *pt. sg. brec* 476. *ber : ȝêr* 517. 292. *: er* (*ǣr*) 538. 555. *: ther* 480. 361. 69. *stel* 564. *com : martirdom* 474. *: hordom* 479. *nom : kinedom* 479. 494. *nam* 512. — *pl. bere : fere* (*fǣr*) 177. *: there* 522. *breke* 541. 542. 555. *brake* 542. 549. *come : ilome* 469. *: Rome* 499. 506. : *gome* (cura) 557 *: isome* 40. *: nome* (inf., cf. oben) 123. *nome : tome* (*tôm*) 557. *: Rome* 76. 77. 78. — *part. ibore* 475. *tobroke* 453. *yheled* Ar. 55. 305. *ycome : Rome* 45. (man könnte leicht in „*come*“ conj. pt. ändern). *ouercome : sone* (*sôna*) 219. *: somme* (*sum*) 453. 459. *inome : somme* 459.

Ic. prs. breide 22. *berninde* 534. *brenne* (intr.) 337.

fyȝte : *myȝte* (pt.) 99. *ȝelde* : *uelde* (*feld*) 359. 266. : *welde* (*wieldan*) 536. *ȝulpynge* 209. *vrne* 514. *worþeþ* 132. *worst* 101. — *pt. sg.* *clam* (zu *climban*) 333. *bond* 361. *dronc* : *strong* 166. *founde* : *grounde* 468. 547. *fonde* : *unbonde* (part.) 161. *fond* : *lond* 470. 15. : *hond* 489. 490. usw. *bigan* : *Dardan* 10. *slong* : *among* 536. *song* 508. *sprong* : *among* 461. usw. *spronk* 477. *biwan* : *Basian* 75. *won* : *mon* 82. *dalf* 13. *carf* 560. *kerf* 244. *ȝal* 208. (vergl. *ssal* : *Marssal* 535.) *berst* 456. 469. *bryde* 207 (Ar. *bowede!*) *vaȝt* 426. *faȝt* 162. 202. *help* 512. *ȝeld* 547. 449. 407. *ȝold* H *ȝeld* Ar. 80. *orn* 475. 476. 492. 208. *arnde* (cucurrit) 379. *spurnde* 341. *worþ* 293. 392. — *pl.* *bounde* 298. *founde* : *grounde* 70. 226. *fonde* : *astonde* (*stund*) 21. *bigonne* : *won* 554. *goune* 539. *slonge* 362. *songe* 352. *spronge* 499. *swonke* 41. *wonne* : *bigonne* 534. *corue* 569. *dolue* 395. *ȝolde* : *wolde* (*wolde*) 539. : *ssolde* 555. 448. : *nolde* 508. *ȝolde* 360 *ȝelde* H. *fouȝte* 515. *foȝte* 3. 15. *holpe* 566. *ourne* 405. *orne* 510. 536. *roune* 34. *arnde* : *barnde* (Ar. *wende* : *brende* 297. *clommeþ* (Ar. *clombe*) 411. — *part.* *vnbonde* : *fonde* (*funde*) 161. *ydronke* 43. *ifounde* 478. *agonne* : *iwonne* 561. *icorue* 208. *forbroide* 21. *verbroyde* 205. *yfoȝte* 65. *yȝolde* : *ssolde* 449. *yholpe* 405.

II. prs. *yþe* : *be* 428. *unwre* : *be* 508. *write* 374 *wyte* H. — *pt. sg.* *abod* : *abrod* 341. *drof* 494. *agros* : *aros* 549. *rod* 375. *sonot* : *hot* 308. 397. *ssrof* 544. *stey* : *hey* (*hêah*) 322. *yþen* (lies *yþeu*) 346. *atwitede* 33. *atwiste* 33. *gripte* 22. *syȝte* 205. — *pl.* *abide* 555. *driue* 495. *smite* : *wyte* 80. *ssriue* 360. — *part.* *idriue* : *forȝiue* (inf.) 512. *agrise* 539. *arise* 369. *ismite* : *wite* 476. *issriue* : *idriue* 544. *bysmyke* 272. *iwrite* : *iwite* 487. *ywrye* 55. 209. : *bachelerye* 199.

III. prs. *abowe* 83. *abueþ* H *boweth* Ar. 193. [*abuye* 102] *clef* 208. *bede* : *nede* 346. 358. 79. *forbede* 504. *chese* : *Courthese* 384. 397. : *Courtehose* 428. 411. : *lese* 30. *lese* : *Courthose* 412 (Ar. *lose*). 423. 436. *lye* : *partye* 227. : *prophecye* 254. : *chiualrye* 45. *aloute* 476. *atroute* : *doute* 78. *ssouing* 212. *ssete* 541. — *pt. sg.* *aboute* 302. *bowede* 93 Ar. 207. *bed* : *ded* (*dêad*) 106. *ches* 494. *forclef* H *forcleuede* Ar. 17. *toclef* : *ȝef* 210. 401. *fleu* 528. 474. 519. *flew* 18. *flen* 221. 224. *flow* 137. *fley* 122. 137. *sscet* : *gret* (*ȝrêat*) 361. *schette* 16. *schet* 11. *les* 557. — *pl. bode* 378. 379. (es ist conj. und wird daher von Koch, Gramm. 1, 300 mit Unrecht als Beleg für den Ablaut des sg. angeführt). *chose* 469. 494. 567. 236. *cheson* 18. 80. (Ar. *chese*). *browe* : *flowe* 26. *flowe* 528. 536. *loke* 495. *lore* (2. sg.) 428. *loren* 39. *sode* 408 H u. Ar. *ssote* 536. — *part. ybede* : *stude* 383. *ichose* 473. 472. 493. *ycloue* 49. *yflowe* 29. *yfrore* 265. *ȝlore* : *theruore* 540. 471. 562. *ysode* 446. *issote* 362. 375. 419. : *note* 488.

IV. prs. gnawe : *drawe* 417. *ssake* 351. *hebbe* 17. *steppen* 336. *wade* : *spade* 99. *sle* 530. : *aȝê* 493. *lihe* 93. *lyȝhe* H *laughe* Ar. 101. 146. *lyȝhyng* H u. Ar. 146. *suerie* 500. 514. *vnderstondeþ* 360 *stoundeþ* H. *wexeþ* 42. 43. — *pt. sg. drou* : *inou* 466. *slou* : *tou* (*tôh*) 515. : *ynou* 476. *sloȝ* : *woȝ* (*wôh*) 39. *lou* 208. : *ynou* 194. *lowe* : *ynowe* 332. *ok* : *ssok* 208. : *awok* 240. *oke* : *toke* 240. *awok* 15. 337. *awoke* 350. *ssoc* 308. *schok* 24. *tok* : *Penbroc* 523. : *broc* (*brôc*) 80; : *vorsok* 489. 563. *stod* : *god* 486. 506. *suor* 488. 494. *swor* 157. *swer* 334. *step* 308. *stap* H *stapped* Ar. 338. *wox* 83. *wex* 493. 21. 11. 9. 78. *wax* 323. 346. 19. 164. *wess* (zu *wascan*) 436. *wesse* 435. *wed* 322. — *pl. drowe* : *inowe* 506. 485. *slowe* : *inowe* 528. *gnowe* : *slowe* 539. *uorsoke* : *lôke* 488. *toke* : *bôke* 374. *bylowe* : *slowe* 299. *stode* : *môde* 212. *suore* 472. 506. *swere* 154. *wox* 40. 80. — *part. idrawe* : *vawe* (**faȝen*) 470. 218. : *vnlawe* 473. *aslawe* : *dawe* 526. *forsake* : *take* 25. *itake* : *Wake* 564. *vnderstonde* : *londe* 453. *isuore* : *biuore* 506. 536. 545. *ywox* 412. *volwoxe* 430.

V. prs. holde : *bolde* 543. *halt* (3. sg.) 379. *athalst* 193. *ote* (*hâtan*) 321. *lete* : *strete* 81. : *wete* (*wǣtan*) 321. : *Somersete* 172. : *bigete* 129 (so hiess der Reim wohl ursprünglich; H giebt *lete* (pt. pl.) : *bigete* (pt. pl.), Ar. *byyete* (pp.) : *lete* (inf.); in beiden Fällen wäre der Reim gegen den Dial. des Dichters) *late* 500. *lateth* 477. *auonge* : *anhonge* (trans.) 500. 503. : *longe* 91. 231. : *stronge* 199. *fonge* : *longe* 105. etc. *honge* (trans.) : *stronge* 511. *honge* (intr.) 448. *yswounyng* 35. *vpwalle* 28. --- *pt. sg. bete* 290. *blew* : *knew* 13. *vel* 467. 490. *aueng* 484. 180. *ueng* (H *avong*) 368. 371. *hong* (intr.) 456. *hangede* (trans.) 509. *huld* 469. 478. *held* 538. *bihulde* : *feld* 34 (Ar. *biheld* : *cheld* = *ae. ceald*). *het* (vocabatur) 532. 481. (jussit) 485. 490. *hette* (jussit) 131. *bihet* : *let* (*lêt*) 512. 343. : *fet* (*fêt*) 437. *hatte* 15. 29. *hette* 25. 26. *dradde* 346. : *hadde* 123. *radde* 545. *greu* : *seu* 470. *let* : *fret* (*frǣt*) 203. : *et* (*ǣt*) 392. *let* 467. 480. *lette* 13. 20. 144. *lepte* 63. 396. 459. *lept* Ar. 207. *slep* 151. *wep* 526. 381. 290. 152. *wepude* 337. *þreu* 333. — *pl. felle* 494. *velle* 526. *fongon* 36. *vnderuenge* 497. *auonge* 269. *knewe* : *rewe* (*hrêowan*) 449. *grew* : *sewe* 21. *hete* (jusserunt) : *mete* (*mêtan*) 212. : *suete* 435. *anhenge* 519. *anhunge* 509. *tohewe* 540. *hulde* 470. 472. 477. *helde* 360. *heolde* 298. *lete* : *bete* (*bêtan*) 291. : *ssete* (*scête*) 435. : *ete* (*ǣton*) 404. 408. : *mete* (*mêtan*) 140. 138. 399. *late* 514. *lette* 2. *rewede* 171. *slepe* : *kêpe* 213. *wepe* 353. 338. — *pp. adrad* : *glad* 543. : *ylad* 91. 169. *falle* : 67. *auonge* : *longe* 519. 90. *anhonge* : *longe* 503. 544. *iholde* 267. *ilate* 503. 564. 565. *mowe* : *þrowe* (subst.) 261. *yrad* : *ylad* 130. *aslepe* 279. *isuope* 338. *yswowe* 350. : *towe* (*tôh*) 290.

Geburt Jesu in Horstmanns AE. Leg. 1875.

Prs. *scede* : *nede* A 258, : *misdede* E 484. — pt. sg. *isei* (*seah*) : *stei* (*stêah*) A 183. *iseiȝ* : *neiȝ* E 861. *cam* : *nam* E 489. 551. *bar* : *er* E 491. *ber* : *þer* E 507. *was* : *cas* E 505. 723. *wex* E 941. *huld* E 1160. — pl. *woke* (wachten) : *loke* (*lôcian*) E 511. 638. 647. *seiȝe* : *eiȝe* (*êaȝan*) E 709. : *heiȝe* E 721. — pp. *biȝute* : *wute* (*witan*) A 209. 210. *iseiȝe* : *eiȝe* (*eȝe*) E 312. *icore* : *ibore* E 1020.

Das Fegefeuer des heil. Patrick, ebenda.

Pt. sg. *aloutede* 30. *smerte* 263. — pl. *gnowe* : *drowe* 273. *sete* (*sǣton*) : *grete* 277. *ȝolle* (zu *ȝiellan*) 282. 344. 353. *gorden* (zu *ȝierran*) 272. *ournen* 279. *ornen* 293. *honge* (intr.) 308. — part. *ihole* : *istole* 22.

Legends of the Holy Rood hgg. von Morris.

Inf. *aloute* : *doute* 200. — pt. sg. *beer* : *þer* V. *bar* : *þar* A 467. *ber* : *ȝêr* A. *beer* : *ȝeer* V 109. *uorlet* : *uet* (*fêt*) A 49. — pl. *mete* A *meeten* V 154. *stepe* A *stepten* V 50. *wesche* A *wusch* V 171. — part. *ibede* : *stede* 292. *imete* : *grete* A 156, *imeetete* V.

Juliane 2 hgg. von Cockayne, EETS 51.

Pt. pl. *wode* 144. 145. *gnowe* : *drowe* 145. — part. *biȝite* : *wite* 145.

Aus Morris und Skeat, Specimens II 19, **Life of St. Dunstan.**

Pt. sg. *ber* : *ȝer* 52. *brende* (intr.) 7. *ȝal* 83. *worþ* 12. *iþeȝ* 28. *fleȝ* 87. *wax* 28.

Aus Black, **The life and martyrdom of Th. Becket,** Percy Soc. 1845.

Prs. *forȝyve* : *idryue* 2191. *ȝulde* : *welde* (*wieldan*) 815. *unwreo* : *akneo* 2200. *sle* : *see* (*sǣ*) 1128. 1808. 1834. *lie* (*lêoȝan*) : *crie* 1223. — pt. sg. *stonk* (zu *stincan*) : *strong* 2304. — pl. *bede* : *dede* (*dǣd*) 2156. *iseye* : *deye* (mori) 2086. *schove* (zu *scûfan*) 2141. *crope* 2141. *urne* 1959. *ȝeue* : *leue* (*lêaf*) 570. *lete* : *bete* (*bêtan*) 2299. *forlete* : *ete* (*ǣton*) 1985. — part. *isete* : *mete* (*mete*) 2139. *iseye* : *weye* 1219. *ibede* : *stede* 641.

Leben Jesu hgg. von Horstmann.

Ia. prs. ȝiue : *liue* (*lifian*) 213. 702. *onderȝite* : *wite* 729. *liggeȝ* 145. — *pt. sg. bad* 152. *quath* 47. 319. *quad* 46. 690. *quat* 373. *ȝaf* 32. 196. *biȝat* 652. *lay* : *dai* 862. *iseiȝ* : *heiȝ* 162. 207. : *neiȝ* 721. *sei* : *hei* 573. *isai* 226. *was* : *cas* 133. : *Judas* 896. — *pl. bede* : *sede* (*sǣde*) 316. *eten* 17. *ȝeouen* 773. 900. *seten* 16. *speken* 75. *speke* : *take* 898. *iseie* : *deie* (mori) 375. *iseiȝe* : *deiȝe* 620. 740. — *pp. ibede* : *stude* 99. 846. *iȝiue* 645. *biȝite* 658. 669. *iete* : *mete* (*mete*) 8. 23. *ispeke* 604. *iseie* 99.

Ib. pt. sg. bar 771. *stal* 772. *cam* 3. : *cristinedom* 358. 262. *nam* 38. 71. — *pl. bere* : *were* 516. *come* : *ilome* 223. : *dome* 622. *binome* : *ilome* 274. : *dome* 281. — *pp. ibore* : *þerefore* 218. *icome* : *some (sum)* 698. *binome* 98.

Ic. prs. eorninde : 326. *ȝelde* : *selde (seld)* 534. *worst* 99. *worþeth* 480. *ȝelpez* 201. — *pt. sg. dronk* 323. *fond* 842. 851. *founde* : *stounde* 306. *bigan* : *womman* 788. *gan* 41. *wrong* 193. *orn* 127. 371. *ȝalp* 197. — *pl. dronken* 305. *founde* 695. 724. *gonne* 627. *biswunken* 361. *holpe* 780. — *pp. ibounde* 50. *ifounde* 51. *iwounde* 696. *iwonne* 662. *icorue* 595. *forworþe* 443.

II. prs. stiȝen 206. *ripez* 354. *chineth* (keimen) 564. [*siche* 831]. — *pt. sg. abod* 627. *drof* 124. *aros* 711. *rod* 804. *bistrod* 803. *schon* 73. [*siȝte* 193.] — *pl. abiden* 643. *arisen* 629. *repen* 358. *schynen* 72. *wuten* 286. 640. *nutez* 690. *wite* : *onderȝite* 760.

III. prs. teo : *ibeo* 146. *lie* : *prophecie* 749. *abouwie* 849. — *pt. sg. ches* 599. *fleu* 559. — *pp. iloke* 635. *forlore* : *more* 592.

IV. prs. take 63. : *make* 420. : *speke* (conj. pt.) 888. : *spake* (pt. pl.) 898. *teke* 155. *forsake* 62. *asle* 260. *wexe* 843. — *pt. drouȝ* : *inouȝ* 772. *aslouȝ* : *wouȝ* 491. *stod* : *guod (gôd)* 152. *aslowe* : *wowe (wâwa)* 278. *forsoke* : *boke (bôc)* 464. *toke* : *loke (lôcian)* 462. 658. *onderstonden* 869. — *pp. ifare* 229. *asläwe* 261.

V. prs. hote 233. *hat* 463. *atholde* : *solde* 782. *halst* 333. *afonge* : *longe* 548. 588. *wepen* 611. *weope* 833. *leten* 110. *late* 10. *latez* 276 usf. *lat* (imp.) 638. *rede* : *seide* 440. 880 usw. — *pt. sg. dradde* 126. *fel* 226. 236. *biful* 404. *onderfeng* 210. *het* (jussit) 16. 20. (vocabatur) 203. *heold* 829. *let* 17. 117. 197. *lette* 155. *radde* 683. *weop* 193. 831. *wepte* 721. — *pl. beoten* 249. *heolden* 252. *fellen* 154. *fulle(n)* 313. 84. *knewe* 816. *leten* 759. *weopen* 697. 717. *sewen* 355. 357. — *pp. aknowe* 668. *afongue* 651. 653. *furlete* 443. 445. *iþrowe* 837.

Margarethe 2 hgg. von Cockayne. EETS 13.
Prs. *worþeþ* 218. *worþ* 133. *fleo* : *iseo* 50. *fleahi* (ich

fliehe) 58. *drie : Marie* 34. *afonge : stronge* 54. 170. *hongeþ* (tr.) 111. — pt. sg. *quaþ* 105. 193. 143. *forsualȝ* 161. *orn* 120. 122. *toberste* 163. *smot* 238. 311. *fleȝ* 314. 299. *bihuld* 43. 61. 128. *ful* 291. 312. *let* 90. 93. 247. 248. *lette* 95. — pt. pl. *iseȝe* : *eȝe (êaȝan)* 129. 140. : *heȝe* 255. *dulue* 219. *toberste* 243. *yrne* 137. *honge* (trans.) 84. 79. 117.

Usages of Winchestre hgg. von T. Smith, EETS 40, 379 ff.

Prs. *fornemeþ* 359. *nyme* 356. *halde* 352. 355. *haldeþ* 354. *undurfonge* 349. 357. — pp. *yweye* 356. *yȝolde* 357. *yȝoulde* 362. *ychose* 349. 356. 359. *vnshlawe* 354. *ybake* 354. *ylade* 458. *yhelde* 360. *yholde* 361.

Die mkent. Evangelien. Sieh Reimanns Diss., Berlin 1883. Dazu noch:

Prs. ête H Mt. 15, 20. *ripene* J. 4, 38. *þwean* L. 7, 38. *þweah* H *þweh* R J. 13, 9. *adwesced* H Mc. 9, 46. *ahebben* L. 18, 13. *ahonne* Mt. 20, 19. — *pt. sg. nam* Mc. 12, 20. 12, 21. 14, 33. Mt. 27, 48. *abræd* Mc. 14, 47. *abred* Mt. 26, 51. *æthrinede* Mc. 1, 41 (v. l. *æthrinende*). *grap* L. 8, 27. *rinde* (regnete) Mt. 7, 27. *aget (ageat)* Mc. 14, 3. *geat* L. 10, 34. *ahof* Mc. 1, 31. *stop* Mc. 14, 35. *afeng* Mc. 14, 22. *aheng* (tr.) Mt. 27, 5. *fleow* L. 6, 48. 6, 49. *weop* Mt. 26, 75. — *pt. pl. agulden* L. 7, 42. *toburston* Mt. 27, 51. *urnen* J. 4, 51. *ætbruden* L. 11, 52. *gebulge* Mc. 10, 41. *fliten* L. 22, 24. *astigen* L. 5, 19. *forbudon* L. 11, 52. *gecuren* Mt. 13, 48. *flugen* Mc. 14, 50. 16, 8. *tugen* L. 5, 11. *onwakeden* (erwachten) L. 9, 32. *upahouen* L. 17, 13. *foron* J. 11, 55. *foren* J. 12, 11. *stopen* Mc. 15, 29. *beheolden* Mc. 15, 47. *ahengen* Mc. 15, 20. *reowen* (zu *rôwan*) L. 8, 26. *creowe* Mc. 14, 72. *bleowen* (zu *blâwan*) Mt. 7, 27. *weopen* L. 8, 52. — *pp. gehworfene* L. 17, 7. *toborstene* L. 8, 29. *gegripenre* 1, 31. *beboden* L. 17, 9. *gecorene* Mc. 13, 27. *agoten* (zu *ȝêotan*) L. 5, 37. *gedofen* (trans., zu *dûfan*) Mt. 14, 30. *upahafen* L. 18, 14. J. 3, 14. *gehealden* L. 8, 29. *anhangon* Mt. 26, 2. *gerowen* (zu *rôwan*) J. 6, 19. *ahewenne* R L. 23, 53.

Poëma Morale, die kentische Digby hs., hgg. von Zupitza, Anglia 1, 6. ff.

Ia. prs. isien 9. 55. 182. *iseon* 136. *isen* 179. *ȝieue* 26. 30. *ȝeuen* 128. *forȝiete* 16. *forȝet* 13. 18. *weȝe* 30. *liggeđ* 135. — *pt. sg. iseȝh* 128. *wes* 91. — *pl. iseȝen* 47. : *vorwreien (wrêȝan)* 45. — *pp. iqueđe* 5. *iȝeuen* 162. *biȝete* 49.

Ib. prs. cumen 191. *comen* 13. *binime* 22. 23. — *pt. binam* 127. *com* 55. 94. *brec* 89. *comen* 67. 98. *helen* : *stelen* 77. — *pp. uorhole* 37.

Ic. prs. berninde 106. *brenneđ* 122. — *pt. sg. vnband* 91. *swanc* 172. *vonde* : *punde* 32. — *pl. bigunne* : *cunne (cunnan)* 104. *gunnen* 131. *swunke* : *drunke* (subst.) 124. — *pp. iuonde* : *grunde* 86. *asprungen* 84. *iborȝe* : *sorȝe* 80. *unforȝolde* : *solde (sceolde)* 28.

II. prs. ripe 11. — *pp. vnwroȝe* 77.

III. prs. vorbiet 147. *drieȝen* : *lieȝen (lêoȝan)* 139. *biflien* 73. *riewe* : *siewe (sêowon)* 11. *rewen* 170. — *pt. pl. luȝen* 77. — *pp. icorene* : *vorsworene* 48. *vorlorene* : *iborene* 49. *biloken* 39.

IV. prs. stondeđ 10. *stant* (3. sg.) 109. — *pt. sg. iscop* 40. — *part. vorsworene* : *icorene* 48.

V. prs. bihoteđ 18. *bihat* (3. sg.) 174. *hot* (3. sg.) 147. *wealde* : *ihialde* (inf.) 26. *wialdeđ* 40. *bihialde* : *alde (eald)* 137. *healde* : *ealde* 150. *halt* (3. sg.) 149. *walkeđ* 116. *iknawen* 78. *mouwe* 11. *rede* : *sêde* 75. *lete* 147. : *strete* 165. — *pt. sg. let* 127. — *pl. biheten* 118. *hielden* 82. 142. *siewe* : *riewe (hrêowan)* 11. — *pp. biualle* : *alle* 95. *ofdred* 22.

Old Kentish Sermons in Morris' OE. Miscellany [1].

Ia. prs. yeue 28, 31. 32, 3. — *pt. sg. yaf* 32, 2. 33, 30. *spac* 27, 1. 29, 15. *was* 26, 5. 26, 6. — *pl. weren* 29, 19. 32, 22. *waren* 33, 31. 34, 1. 29, 20. *seghen* 27,

[1] Dankers Diss. zu diesem Denkmal und den beiden folgenden zeigt eine ganze Reihe von Fehlern und Lücken, namentlich in der Liste der st. Verbalformen.

8. 33, 31. *speken* 26, 14. — *p a r t. i-yue* 31, 5. *iseghe* 32, 22.

Ib. p r s. cumene 36, 16. *cometh* 27, 4. 32, 3. *beneme* 32, 34, — *p t. s g. kam* 26, 12. 27, 9. *naam* 34, 27. — *p l. comen* 27, 21. 33, 27. *nomen* 26, 9. — *p a r t. icume* 35, 13. *icomen* 33, 31. *ibore* 26, 15.

Ic. prs. yeld 33, 27. — *pt. s g. fond* 33, 20. 34, 30. — *p l. fonden* 33, 32. — *p a r t. idrunke* 29, 26. *hifunde* 27, 4. *ifonden* 27, 10.

II. pt. s g. aróós 32, 15. *aros* 32, 13.

III. p r s. forbiet (3. sg.) 28, 33. *liese* 26, 18. *liest* 31, 19. 31, 29. — *p a r t. icornéé* 34, 11. *forlore* 35, 2.

IV. p r s. slon 27, 7. *understonde* 27, 18. — *p t. s g. tok* 32, 20. — *p l. wesse* (zu *wascan*) 29, 21.

V. p r s. dret 32, 19. *lete* 28, 33. *halt* (3. sg.) 36, 15. *hot* (jubet) 29, 16. 36, 10. *hóót* 29, 1. 36, 12. — *p t. s g. het* (jussit) 27, 13. — *p l. beknewe* 26, 8. *helden* 34, 25. — *p a r t. ofdred* 26, 17. *ihialde* 30, 1. *behote* 26, 21.

William de Shoreham's Gedichte hgg. von Wright, *Percy Soc.* 1849.

Ia. p r s. lygge 106. *eten : forlete* 159. *forȝeve* 96. *forȝyve* 44. *ȝive : leve* 17. 153. *forȝete : mete* (ae. *mete*) 34. *yse : crye* (*crier*) 106. *ysy : by* (*bêon*) 140: *: thry* (3) 107. *ise : fey* (afrz. *fei*) 7. — *p t. s g. bed* 79. *queth* 160. *quath* 159. *et* 160. *ȝef* 123. *ȝaf* 123. *laye* 124. *: daye* 124. *lay* 88. 89. *set* 19. 53. *seat* 123. *seȝ : hyȝ* 110. *yseȝe : heȝ* 145. *isiȝe* 124. *yseye* 124. *spake : onleake* (*lêac*) 123. *spek* 120. *speke* 123. *was : glas* 121. 133. *: solas* 133. *: pas : glas* 133. *: endeles* (*-lêas*) 137. *: leas* 141. *: lyas* (*lêas*) 105. — *p l. bede* 118. *ete* 163. *tosteke* 85. *speke* 117. *leye : preye* (afrz. *preier*) 79. *yseȝen : eȝen* 160. *siȝen : eȝen* 223. *yseye* 125. — *p p. yfrete : hete* 113. *iwrete* (zu *fretan*) : *hete* (*hǣto*) 37. *forȝete* 102. 94. *yȝive* 21. *forȝeve* 41. *yȝete* (zu *etan*) 23. *yspeke : breke* (inf.) 115. *forleye : deye* 67. *seȝe* 26. *totrede* 29.

Ib. p r s. bere : lere (*lǣran*) 162. *bicome : ynome* 119. *: some* 153. *nome : ycome* (pp.) 120. *nomene : comene* 60.

66. *nometh* : *cometh* 104. 141. *nym* (imp.) : *hym* 144. *neme* 104. 81. — *pt. sg. beer* 67. 85. *ber* 117. *bere* 131. *come* : *nome* 110. : *dome* 165. *cam* : *man* 146. *com* 123. : *nom* 129. *came* 65. – *pl. beren* 51. *come* 122. 124. *helete* 160. — *part. onbore* 120. *ybroke* 161. *ynome* : *ycome* 166. : *some* 126.

Ic. prs. agynne : *therinne* 44. *bygenne* : *wythinne* 69. *ȝelde* : *felde* (*fêlde*) 47. (*feld*) 40. : *elde* (ws. *ieldu*) 2. 168. *worthe* 67. 90. *werth* : *forthe* 147. *orneth* 119. — *pt. sg. gan* 40. 121. *bygan* : *than* 149. 109. *byganne* 150. 162. *agounne* 144. *bygounne* : *tounne* (*tunne*) 78. *fond* : *londe* 119. *spronge* : *songe* (subst.) : *stronge* 134. *sprange* 80. *slang* 132. *stange* 86. *swank* 165. *dalf* : *half* 165. *arn* : *barn* 149. *arne* 84. *schel* 2. 4. 30. : *wel* 139. : *rebel* 110. — *pl. bonden* 84. *bygonne* 160. *spronge* 4. *orne* : *orne* (adv.) 83. — *part. bounde* 95. 104. *yfounde* 125. *bygonne* : *ywonne* 58. : *ysponne* 95. *sprounge* 80. *abolke* (lies *abolȝe*) : *folke* 22. *forbroden* : *wode* (*wôd*) 100.

II. prs. atwyte : *smyte* (prs.) 98. *syȝe* : *steyȝe* (*stîȝan*) 3. *steȝe* : *heȝe* 126. *sty* : *be* (*bêon*) 126. *ithy* : *fry* (*frêo*) 102. — *pt. sg. abod* 40. *drof* 49. *aros* 4. 89. *wrot* 92. *stawe* 3. — *pl. todryue* : *wyve* 140. *byswyke* (2. sg.) : *syke* (*sîoc*) 67. *aryse* : *thyse* 137. *smyte* 84. *wyte* : *parfyte* 150. *wete* 137. — *part. ydryuen* 150. *aryse* 124. *ischryue* 36. *ywryte* 128.

III. prs. crepe : *depe* 146. *forbede* : *nede* 47. 81. *bowe* 117. *byvly* : *levedy* 127. *byfle* 36. *lye* : *heȝe* 142. *bylouken* : *woken* (*wucu*) 121. *onlouke* : *souke* 121. *te* : *be* 126. *treude* (lies *croude?*) 33. — *pt. sg. forbead* : *dead* 157. 163. *forbeade* : *qued* (malus) 146. : *quead* 146. : *forbede* : *glad* 159 (vgl. *quead* : *glad* 151). *forbode* 69. *ches* 45. *byfleȝ* : *leȝ* (zu *lêoȝan*) 111. *lys* 151. *onleake* : *spake* (pt. sg.) 123. *oneleke* 79. *onleake* 79. *onleke* 79. 80. — *pt. pl. lore* 18. *chose* 150. *bylowen* 84. — *part. forbode(n)* 158. 159. 99. *ychose* 132. *icore* : *ybore* 121. *ylore* : *sore* 131. : *ybore* 162.

IV. prs. aketh : *makethe* 2. *taketh* : *maketh* 18. 42. *fare* : *debonayre* 35. *flagȝst* 97. *hebbe* 18. *vnderstond* (imp.) 76. *onderstant* (3. sg.) 136. *slaȝe* : *draȝeth* 98. *forslewyth* (plur.) 114. *scheppeth* 5. *wessche* 10. 56. : *serewnessche* 3.

wesche : *esche* (cinis) 107. *wasscheth* 4. — *pt. sg. byloȝ* : *droȝ* 102. *droȝ* : *loȝ* (*lôh*, locus) 163. *schop* : *wop* (*wôp*) 147. *schoke* 86. *toke* : *loke* (*lôcian*) 27. : *boke* 138. *forsoke* : *boke* 98. *tok* 123. 164. *woxe* 150. *weks* 121. *waux* 149. *wesche* 86. *wesschte* : *lesschte* 51. — *pl. heven* 68. *stode* : *gode* 150. *toke* : *loke* 4. 160. *swore* : *hore* (*hôr*) 64. *forsoke* : *toke* 82. *woxe* 160. — *part. draȝe* : *laȝe* 48. *tobake* : *ytake* 23. *ytake* : *blake* 45. *forsake* : *stake* 80. *yslawe* : *lawe* 79. *aslawe* : *lawe* 120. *ischape* 166. *woxe* 135. *iwessche* 4.

V. prs. hoteth : *notethe* 3. *hat* (jubet) : *stat* 115. *healde* : *ealde* : *tealde* : *bealde* 92. *heelde* 90. *holde* : *solde* 22. *halt* (3. sg.) 136. 137. *halst* 97. 90. *wealdeth* : *healdeth* 29. *welde yhelde* (part.) 117. *biknowe* 15 : *blowe* (*blâwan*) 93. : *trewe* (fidelis) 62. *knowe* : *trowe* (arbor) 159. *kneuth* (3. sg.) 30. *ablowe* (*blâwan*) : *trowe* (arbor) 160. *growynde* 159. *grewen* 32. *falle* : *alle* 14. 91. *vealdeth* : *weldeth* 50. *fongeth* : *longeth* 8. *foungeth* : *straungeth* 13. *ounderfonge* : *amonge* 16. : *songe* 131. *fonge* : *amonge* 24. 42. : *stronge* 42. *ondervangeth* 13. *flouth* (3. sg.) 23. *fleuth* (3. sg.) 101. *wepe* : *kepe* (cura) 78. 80. *drede* : *sede* (*sǣde*) 135. *forlete* : *ymete* 21. : *ete* (*etan*) 159. *let* (*inf.*) 129. *lat.* (imp.) 81. *redeth* : *gladeth* 117. *rede* : *sede* (*sǣde*) 135. — *pt. sg. fel* 124. 126. *byvolle* 163. *aveng* 80. *henge* 86 (intr.). *bet* 47. *bete* 84. *drade* 159. *helde* 149. *hylde* 150. *byheld* 80. *sleppe* 3. *let* 147. 46. *radde* : *hadde* 48. *byredde* : *kedde* 124. : *halde* 7. *schedde* 4. *weptest* : *byclep-tyst* 88. — *pl. felle* : *schelle* (debent) 127. *folle* : *scholle* (debent) 123. *volle* 79. *held* : *feld* 74. *hengen* (tr.) 85. *dredde* : *hedde* 49. *overþrewe* : *trewe* (fidelis) 124. — *part. tobete* 85. *iknowe* : *trowe* (arbor) 164. *ablowe* : *wowe* (*wâwa*) 166. *avonge* : *yhonge* 132. *anhonge* : *longe* 86. *yhelde* 62. 91. : *welde* (*wealdun*) 117. *yhalde* : *tealde* : *felde* (*feald*) : *ealde* (*eald*) 91. *ihealde* 34. *yhote* : *note* 139. : *rote* 97. *byhote* : *swote* (*swât*) 162. *ilete* : *wete* (*hwǣte*) 30. *schad* 20. *ysawe* 27.

Dan Michels Aȝenbite of Inwyt hgg. von Morris in EETS, 23.

Ia. prs. ete 111, 1. 50, 20 etc. *ethe* 205, 11. 236, 9.

ligge 31, 30. *yeue* 7, 25. 8, 32. *yueþ* (pl.) 265, 18. (3. sg.) 45, 8. 45, 11. *yue* 271, 5. *yzy* 152, 23. 73, 4. *uoryeteþ* 6, 6. 75, 32. *yzi* 73, 5. 174, 27. *yseþ* (pl.) 36, 34. *zyeþ* (pl.) 16, 26. *weȝe* 137, 27. — *pt. sg. bed* 191, 16. 215, 28. *yeaf* 81, 13. *yaf* 5, 1. 191, 9. *zet* 239, 5. *uorlay* 206, 3. *yseȝ* 15, 1. 191, 3. *spek* 255, 22. *wrec* 215, 7. *wes* 15, 8. 191, 8. — *pl. ethen* 206, 36. *yeave* 198, 14. 140, 6. *(y)zeȝe* 244, 7. 33, 3. — *part. ybede* 117, 33. *yyeue* 20, 12. 18, 24. *beyete* 130, 29. *yyete* (zu *etan*) 13, 17. *yzoȝe* 10, 15. 244, 6. 266, 4. *uorlaye* 230, 31. 231, 34. *yspeke* 152, 31. 182, 13. *yweȝe* 152, 28. 255, 5. *awreke* 74, 11. 83, 25.

Ib. prs. breke 52, 3. 64, 7. *broke* 51, 35. *hele* 175, 4. *nyme* 67, 10. *nime* 6, 12. *nemeþ* 92, 17. — *pt. sg. brek* 16, 14. *com* 15, 6. *nom* 226, 33. — *plur. breken* 64, 30. *bere* 20, 30. *come(n)* 130, 25. *nome* 87, 23. — *part. ybore* 12, 18. *tobroke* 30, 28. *yhole* 26, 16. 139, 2. *yostle* 58, 33. *ycome* 56, 5. *ynome* 45, 27.

Ic. prs. yerne 255, 17. *yernþ* 50, 26. 51, 28 (*iernan*). *berneþ* 74, 5. 204, 35. *berke* 179, 7. *keruinde* 66, 11. *kuelȝ* (lies *kuelþ* zu **cwellan*) 248, 2. *uorzuelȝe* 15, 17. 111, 6. *uorzuelþ* (sg.) 111, 3. 17, 9. *uorzuylþ* (sg.) 61, 27. *yelpeþ* 79, 10. *yworþe* 262, 24. *viȝte* 15, 3. *sterue* 72, 1. *yelleþ* 71, 11. *melte* (intr.) 171, 14. — *pt. sg. uand* 206, 3. *yarn* (cucurrit) 191, 12. *uorzualȝ* 67, 11. *starf* 165, 21. *yalp* 208, 19. — *pl. begonne* 71, 25. *yourne* (zu *iernan*) 96, 7. *uorzuolȝe* 206, 36. *dolue* 263, 15. *storue* 12, 34. *storfen* 67, 21. — *part. yuounde* 138, 4. *yuonde* 186, 1. *ybounde* 221, 5. *agonne* 166, 3. *ydronke* 51, 13. *ywonne* 97, 22. *yborȝe* 5, 5. *yyolde* 163, 10. *yuoȝte* 176, 6. *ydolue* 263, 26. *yholpe* 184, 12. *uorzuolȝe* 111, 12. *yþorsse* 139, 34. 266, 21.

II. prs. cliue 32, 3. 23, 1. *rine* (pluere) 49, 32. *ripe* 214, 21. *wry* 258, 18. *wreþ* 61, 4. — *pt. sg. abod* 173, 13. *smot* 48, 27. *ssrof* 175, 5. *wrot* 63, 29. *aros* 7, 21. *steaȝ* 13, 18. 263, 5. — *pl. abyde* 13, 1. *cliuen* 126, 11. — *part. abide* 239, 30. *ycliue* 26, 15, 24, 25. *ysmite* 203, 17. *yssriue* 70, 21. *ywrite* 5, 9. *bezuyke* 76, 21. *ywriȝe* 210, 34. *ywreȝe* 96, 25. *ywryȝe* 66, 14.

III. prs. bouȝe 8, 14. *boȝþ* 184, 32. *uorbyet* (3. sg.)

6, 15. *chiese* 101, 26. 165, 12. *chise* 93, 14. *cryepe* 107, 24. *chyewe* 111, 11. *chewynge* 111, 4. *beuly* 9, 13. 15, 26. *uleþ* (er fliegt) 61, 17. *ulizþ* 206, 16 (er fliegt). *beloukþ* 99, 22. *zouke* 91, 27. *lyese* 31, 27. 226, 29. *lyeze* 10, 6. 218, 12. *ssofþ* 174, 8. — *pt. sg. beaz* 239, 32. *cheas* 77, 9. *uleaz* 141, 30. [*uledde* 206, 5. 204, 23]. *byad* 41, 30. *leat* 239, 7. *ssat* 45, 33. *leas* 85, 1. *lyeas* 203, 9. *uorelas* 181, 10. *onleak* 67, 11. — *pl. bozen* 84, 34. *beuloze* 78, 9. *loren* 235, 29. — *part. ichose* 42, 6. *uorbodę* 8, 26. *beloce* 97, 3. *ylore* 45, 33. *yloze* 65, 20.

IV. prs. beuleaþ (pl.) 182, 16. *beualzeþ* 38, 27. *ophebbeþ* 217, 32. *lhezþ* 93, 36. *leze* 161, 20. *lhezze* 58, 21. *lezze* 111, 25. *lhade* 178, 19. *akþ* 51, 12. *slea* 223, 15. *sle* 48, 26. *slaze* 8, 19. *draze* 10, 28. *ssake* 4, 8. *sseppinges* 244, 27. *onderstonde* 6, 25. *onderstand* (imp.) 72, 2. 132, 4. *stant* (3. sg.) 266, 30. *onderstanst* 270, 10. *zuerie* 6, 14. *wexe* 97, 32. etc. *wesse* 171, 11. 236, 22. — *pt. droz* 13, 8. *ssop* 87, 26. *uorzok* 77, 10. *zuor* 45, 31. *tok* 246, 20. *drozen* 164, 4. *zuore* 64, 27. *onderstode* 138, 2. *token* 36, 36. — *part. ydraze* 239, 15. *ybake* 112, 1. *ulaze* 73, 30. *yslaze* 171, 25. 223, 17. *yssape* 104, 5. 130, 30. *onderstonde* 8, 9. *uorzuoreue* 19, 25. *uorzoke* 179, 21. *ytake* 75, 12. *wexe* 26, 15. *ywesse* 236, 21.

V. prs. beate 210, 28. *byat* 100, 19. *toheawe* 178, 7. *lheape* 156, 5. 93, 4. *lhapþ* 66, 3. *knawe* 74, 27. *blawe* 168, 4. *zawe* 214, 21. *lete* 56, 11. *onderounge* 14, 23. *onderuangþ* 33, 65. 18, 16. *anhongeþ* (tr.) 51, 17. *healde* 5, 5. *ofhyealde* 9, 24. *hyalde* 206, 33. *hyeldeþ* 124, 16. *halt* (3. sg.) 15, 13. 19, 12. etc. *behote* 162, 29. *behot* (3. sg.) 97, 17. *behat* 64, 9. 170, 11. *hat* (jubet) 51, 1. *hatte* (vocatur) 1, 6. *zuope* 109, 1. — *pt. sg. lhip* 45, 32. 240, 1. *sseddest* 1, 2. *uil* 181, 13. *beuil* 191, 10. *onderuing* 5, 2. *bekneu* 215, 30. *þreu* 133, 2. *redde* 184, 8. *uorlet* 206, 5. *hild* 206, 2. 241, 8. *ofhild* 190, 11. *het* 5, 4. *hette* (vocabatur) 41, 28. — *pl. uillen* 67, 12. 207, 1. *onderuinge* 20, 33. 101, 36. *uorlete* 126, 5. *knewen* 246, 1. *yknewen* 245, 31. *hyelde* 27, 20. *hetten* 67, 20. — *part. yualle* 116, 3. *onderuonge* 119, 6. *yhonged* (tr.) 241, 9. *ydred* 104, 31. *ybeate* 239, 15. *ybyate* 239, 29.

yssed 239, 11. *yhote* 214, 19. *yhealde* 132, 22. *yhyealde* 8, 25. *anhyalde* 152, 10. *byuealde* 8, 31. *ylete* 190, 36. *yslepe* 128, 4. *yknawe* 104, 26. *ourþrawe* 15, 15. *yzawe* 255, 4.

Drei Romanzen des Thomas Chestre.

Vgl. Sarrazin, Octavian, Heilbronn 1885, XXX. Nämlich: 1. Octavian hgg. von Sarrazin. 2. Lanfal hgg. von L. Erling, Kempten 1883. = L. 3. Lybeaus Disconus in Ritsons metrical romanceës = D.

Ia. prs. lygge 560. *lye* (inf.) 959. *ȝeue* 19. 1434. *getyn* 34. *reke* : *outbreke* 183. *yse* : *sche* : *te* 145. : *countre* 269. — *pt. sg. bad(de)* : *imade* : *had* D 86. 1010. *eet* L 197. : *sket* (*scêot*) 468. *yaf* : *staf* (*stæf*) : *sef* : *beef* (afrz. *buef*) 745. *yaf* : *haf* (pt. zu *hebban*) D 248. D 638. *gaf* L 28. *begaat* 1904. *begat* 1351. *gette* 100. *lay* : *ay* : *twey* : *day* 1857. : *gay* D 28. : *away* : *fay* : *day* D 326 etc. *ley* 603. *seyȝ* : *hyȝ* 1836. *segh* : *negh* L 469. *seygh* : *sclegh* (*sloegr*) : *hegh* : *neygh* D 360. (cf. *myȝe* : *fayrye* L 281) *seyȝ* : *away* : *deray* : *day* 118. *sawe* 1830. 143. L 230. *spak* : *ek* (*êac*) L 902. *spek* : *ek* L 752. : *sek* (*sêoc*) : *lek* (*lêac*) 1202. *spak* : *lak* 760. : *bak* 1444. *spakke* 139. *set* : *sket* (*scêot*) L 484. D 493. *sat* L 229. : *hat* (jussit) D 382 (lies *seet* : *heet*). *satte* 1054. *was* : *leesse* (*lêas*) : *pees* (pax) 135. *wes* : *les* : *pes* 1785. : *les* L 946. L 785. *was* : *face* D 1430. : *solas* : *nas* L 6 : *face* : *plas* : *pas* 1166 : *alas* 1248. — *pt. pl. bede* L 862. L 411. *ȝeue* : *leue* (*lêaf*) : *eue* (*æfen*) 530. *begate* : *beȝete* (subst.) : *lete* (pt.) 847. *lay* : *day* : *palfray* : *way* 273. : *may* : *day* 314. *leye* 308. *set* : *feet* : *greet* (*ȝrêat*) 929. *satte* L 58. *sye* : *eye* (*êaȝe*) : *nye* : *drye* (*drêoȝan*) 242. (vergl. *eye* : *crye* D 1712) *syȝ* : *hyȝ* L 263. *seghe* : *heghe* 1684. *syghe* : *hyghe* : *crye* : *dye* D 1100. *seygh* : *dreygh* (*drêoȝan*) D 949. *[sawe]* : *adrawe* (*draȝan*) : *outlawe* : *schawe* 359. *sawe* L 568. L 569. *wore* : *before* D 404. : *sore* L 99. L 174. 352. *were* : *clere* : *sopere* L 345. : *skere* : *manere* L 798. : *chere* : *dere* 50. : *arere* 1698. : *þere* L 599. — *part. begete* : *wyte* : *spyte* : *ysmyte* 123. *yyete* (zu *etan*) 757 *ete* L 61. : *mete* (ae. *mete*) : *hete* (*hǣto*) : *ysete* (part. z.

sittan) D 102. *seyn* L 875. *seye* D 1800. *ysteke : reke* (inf.) *: outbreke* (inf.) *: awreke* (part.) 183. *unsteke : outbreke* (inf.) D 1450. *awreke : speke* (inf.) L 706. *unmete : grete* (*ȝrêat*) D 1996.

Ib. prs. bere : werre (*guerre*) *: Jubytere* 1718. — *pt. sg. bar* 197. ; *par : whar : yere* (*ȝêar*) 1825. : *yware* L 464. : *war* (*wær*) : *dar* (ibi) : *tobar* (pt.) D 1871. *ber* 611. *bare* 399. *kem : Jerusalem* 1636. 1532. *cam : Jerusalem : Bedlem : em* (*êam*) 1375. : *Bedleem : Jerusalem : sem* (*sêam*) 1861. *come : Rome* 178. *com* 1376. *tobrak : krak* D 961. — *pl. bere : arere : clere* 1213. *brake : awake : blake* (plur.) *: oftake* 1622. *brak* D 1873. *come : crystendome* 982. *com* L 250. *nome : Rome : crystendome* 1575. — *part. ybore : totore* 463. *hole* (hs. *hele*) *: fole* (*fola*) *: cole : stole* (part. zu *stelan*) 1355. *come : inome : some* 1591.

Ic. prs. clymme : swymme : 591. *þynge* L 203. *berne yerne* (*ȝeornjan*) L 543. D 493. *erne : yerne* (*ȝeornjan*) *: sterne* 1933. *yerne : sterne* L 490. : *Naverne* 965. *renneþ* 1418. *upyelde : schelde* D 517. *fyȝt* (inf.) : *syȝte* (seufzte) 976. *feyȝt* 944. 1419. *tobreste* L 482. *þresshe : flesch : nesche* 764. — *pt. sg. fond : lond* 861. *fonde : honde* L 812. *began : Ottouyan* 22. *gon* 500. *gan* L 152. *drank : bank* D 1349. *brente* L 513. *ran : swan* 557. D 1363. *breyde* 461. *brayde* 336. L 607. *(to)brast(e) : faste* D 1633. D 342. : *agast* 1102. D 1852. *karf* 344. *fauȝt : drauȝt* 1668. : *nauȝt : strauȝt* 955. : *kaught : upsawght* D 628. *yeld : quelthe* (part. zu *cwellan*) D 1193 *halp(e)* 1562. 1737. *malt* (intr.) L 740. *smerte : pouerte* L 204. — *pl. bond* L 757. *fond* (2. sg.) 851. *afounde : grond* (*grund*) *: stounde* 1659. *gonne* 21. L 795. *began : ran* (pt. sg.) *: man : swan* D 1363. *yorne* (zu *iernan*) 561. *ronne* 1493. 1760. L 965. *roune* D 1159. *brende* (intr.) D 1804. *wonne : begonne* (part.) 1270. *tobraste : faste* D 320. *tobroste* 1082. L 572. *brosten* 1088. *fouȝte* 1133. 1754. [*may* (plur.) *: jornay : day* D 1459. *schull* 137.] — *pp. yfounde : stounde* 546. *ystonnge : yswonnge : tonnge* (*tunge*) 1. *ywonne : sunne* L 739. *begonne* 1272. *ywounde : grounde* 319.

II. prs. syke D 1977. *syche : swyche : ryche : myldelyche* L 249. — *pt. sg. boot* 329. *bot : smoot* 1146. *smoot*

1137. 1154. *smot* 207. 1101. 1111. *smyt* : *wytte* (*wit*) D 497. : *despyt* : *profyt* D 1350. *smytte* 1080. 1120. : *sytte* 1128. *slod* L 214. *glod* : *rod* (pl. pt.) L 575. *rood* 295. 1170. L 471. *rode* : *abode* D 850. D 1190. *aros* D 685 : *los* (afrz. *los*). *agros* : *aros* : *clos* D 1884. *drof* 1529. 913. *schon* L 298. *schoone* : *alone* : *gone* (*gân*) L 936. *schynede* D 1994. *syȝte* : *fyȝt* (*feohtan*) 978. — *pl. dryue(n)* 539. 698. *smyte* 1081. *ryde* : *abyde* 1624. *rod* : *glod* (sg.) L 574. — *part. dryue* 713. L 786. *yryde* L 737. *ysmyte* : *wyte* : *spyte* : *begete* (part.) 123. *ywryte* : *wyte* (*witan*) 282.

III. prs. bede : *lede* (*lǣdan*) 577. *brewe* 1475. 1707. *cleue* D 1966. *drye* : *eye* : *nye* 245. *dreygh* : *seygh* (pl. pt. zu *sêon*) D 950. *fle* (fliegen) : *thre* D 1153. *fly* (fliegen) : *sky* 196. *fle* (fliehen) : *fre* : *ble* : *be* L 846. *lye* : *norserye* : *partye* D 900. *alowte* : *stoute* D 1254. *scheete* 1494. *sowke* : *woke* (*wucu*) 610. — *pt. sg. cleuede* : *wevede* D 506. *cleft(e)* 956. 1114. *fleȝ* : *sleȝ* : *neȝ* : *heȝ* 1139. : *heyȝ* 1150. *flegh* : *hegh* L 473. *unlek* : *ek* (*êac*) D 1817. *sok* 473. 555. *swoke* 566. — *plur. swokyn* 308. *celuede* 1622. 1095. — *part. ylore* : *ybore* 463. *lor* 1296.

IV. prs. awake (erwachen) : *take* : *forsake* : *make* 169. *schake* : *quake* D 1813. *swere* : *werre* : *Jubytere* 1721. *wassche* 1300. *wessche* : *nessche* 1212 (*hnesce*). *slo* : *so* : *tho* : *go* D 533. *þo* : *two* : *fro* 1085. : *two* : *fro* : *roo* (*râ*) 1349. : *also* : *mo* : *fo* : 1541. *sclo* : *so* : *þo* : *wo* L 837. *sle* 1099. L 552. : *me* : *the* : *be* D 1343. — *pt. sg. drogh* 614. *todroȝgh* 200. *haf* : *ȝaf* D 247. D 637. *loȝ* 853. 1398. : *woȝ* 1048. *lowȝ* : *inowȝ* L 115. *forsok* 1049. *sloȝ* 980. *slough* D 1152. *stood* : *blood* 485. *stapte* : *clapte* : *hapte* : *rapte* 1435. *swor* 1293. 1887. L 722. *swore* D 1541. *swer* 1400. *swar* 140. *tok(e)* 1840. 1853. *tokke* 1802. *awakede* (erwachte) 201. *wax* 1652. 795. 626. 1072. *whesch* D 99. — *pl. droȝhe* : *toghe* 1086. *logh* 1297. *lough* D 946. *forsoke* : *toke* : *boke* L 792. *swore* L 604. *token* 86. — *part. todrawe* : *yslawe* : *lawe* D 189. *yslawe* : *drawe* (*þrâge*) L 609. : *todrawe* : *plawe* L 603. L 723. *slayn* : *fayn* 1660. : *Bretayn* L 610. *ysclayn* : *Yrayn* : *sertayn* D 1963. *yfare* : *sare* (*sâre*) : *care*

D 1980. *ywoxe* : *oxe* (*oxa*) 670. *yswore* : *before* L 489. *schape* : *ape* 372. *ytake* 221. 1523.

V. prs. beholde : *bolde* : *colde* : *tolde* 500. : *golde* (*gold*) : *olde* : *wolde* (*wolde*) L 963. *welde* : *telde* (*tealde*) : *yhelde* (part.) : *schelde* (scutum) L 159. *hatte* (vocatur) 39. L 5. *bete* : *swete* L 971. *blowe* : *blâwan* : *rowe* (*rôwan*) : *knowe* : *trowe* (*trêowian*) 1250. *lete* : *swete* K 302. : *grete* (*grêat*) 1317. *late* : *gate* (*ȝeatu*) : *wate* : *faunplate* D 1551. *lat* 596. *fonge* : *strong* D 1374. 1043. — *pt. sg. bet* L 751. *blew* (zu *blâwan*) L 1007. *knew* : *vertu* : *Jew* : *hew* 1393. *drew* (zu *þrâwan*) 209. 1311. *tohew* 1310. *heng* (tr.) 281. 1067 (intr.) 1106 (intr.) *hyng* (intr.) : *brynge* : *wrytynge* 1961. *felle* : *hylle* (*hyll*) : *welle* (*wella*) : *dwelle* 299. *fell* : *dell* (*dǣl*) : *snell* : *Mychell* D 1351. *befel* : *Launfel* L 169. *fyll* D 1859. D 1986. *fyl* 1740. *fylle* 1741. *rowede* 1634. *heet* (jussit) 364. *beheet* : *sket* (*scêot*) 174. *het* (jussit) 216. (vocabatur) 921. *hat* (jussit) : *sat* (pt. zu *sittan*) D 383. *hyght* (vocabatur) : *knyght* D 59. : *ryght* D 1237. *hyȝte* : *myȝte* *syȝte* : *bryȝt* L 279. L 507. *beheld* : *ydwelled* : *eld* : *scheld* (scutum) 659. 1065. : *eld* (*eald*) L 1992. D 1989. *held* : *ygeld* (part. zu *ȝyldan*) D 1278. *hyld* L 374. *behold* 825. *let* 1250. L 518. 1292. *lette* 1214. D 1523. *leep* 349. 445. *lepe* : *chepe* (*cêap*) 822. *lep* L 1009. *lepte* 824. 1445. L 467. L 581. *radde* L 39. *slep* 428. *wepte* 607. — *pl. beten* D 1808. *hewe* 1087. : *schrewe* : *fewe* D 1879. *held* : *dwellde* : *teld* : *beld* (*beald*) D 2120. *beheld* : *scheld* (scutum) : *feld* : *yfeld* 1526. : *schelde* (scutum) *felde* : *telde* L 570. D 1593. *knewe* L 108. L 788. *fell* 1083. *lette* L 434. *lete* (2. sg.) : *begate* (2. sg. pt.) : *strete* 847. *leet* : *ybeet* : *yset* : *yfeet* (*ȝefett*) 239. *sclepte* L 349. — *part. ybete* 841. 842. : *hete* (*hǣto*) : *grete* (*grêat*) 1315. *knowe* : *throwe* (inf.) D 1503. *yfalle* : *walle* D 148. *tohewe* : *schew* (*scêawian*) 1512. *yhonge* : *stronge* 1040. *honged* 213 (trans.) : *honge* (tr.) L 606. *yhelde* : *welde* (*wealdan*) : *schelde* (scutum) : *telde* L 168. *holde* : *old* : *tolde* : *wolde* (*wolde*) L 183. *ynlate* : *gate* (*ȝeatu*) 1188. *ylete* 767. *lette* 1379. : *ysette* : *cornette* : *bette* 1071. *aswowe* L 755.

Seege of Troye in Herrigs Archiv 72.

Handschr. H zeigt den südlichen Dialekt reiner und ist hier zunächst berücksichtigt. Zietsch, Diss. von Göttingen 1884, vermag als Heimat des Gedichtes nur allgemein den Süden anzugeben. Mir scheint es wegen folgender Reime und Formen in die Heimat Chestres zu gehören, nach Kent oder eine unmittelbar angrenzende Landschaft.

Smyte (pt. sg. zu *smîtan*) *: hitte* (pt. zu *hitten*) 936. *smette* (wie o.) *: hit* 1286. *were : here* (*hýran*) 514. *verement : dynte* H 1011. *fundament : dynte* H 1291. *meri* H 324. *skert* (an *skyrta*) H 1446. *beryed* H 1310. *sloo : to* 1565. *was : les* (*lêas*) 971. 416. *were : more* 541. *: clere* 1524. *breke* (*bræc*) *: eke* (*êac*) 1897. *hyng* (pt. zu *hôn*) *: lesyng* 1182. *behylden* (pt.) 1088. *fille* (pt.) 144. 1321. u. s. f.

Ia. pt. sg. sey : hye 956. 256. *: dye* 961. *saye : lay* (*læȝ*) 1881. *sawe* 15. 232. *quod* 1869. *steke* („steckte") *: speke* (inf.) 1737. — *plur. bad* 681. *sett : fele* (*fêt*) 1562. *ȝaf* 1630. *youen* 844. *gaue* 1108. — *part. gete : ete* (inf.) 586. *awreke : tobreke* (inf.) 1546. *ysette* 1239. 1380. *was* u. *breken* s. o.

Ic. prs. rynne : yerne (*ȝeorne*) 1199. *smerte : herte* (*heorte*) 1527. — *pt. sg. faught* 603. *barst : fast* 1637. — *pl. fought : stought* (*stût*) 1179.

II. prs. syghyeth 1419. — *pt. sg. wrote : wote* (*wât*) 21. *shyned* 1337; zu *smîtan* s. o. — *pl. rode* 974.

III. pt. sg. clef 1341. 1107. *shet* 966. *fleye : hye* 1258. *: awey* 1251. *les* 1189. 1193. *fle* 1212. — *pl. shoue : loue* (*lufu*) 595. *shett* 846. — *part. forlore : totore* 386. *lorn : borne* 1222. 1872. *lost* 1475. *totowene* 1296. *toclouen : toryuen* 1444 (lies *rouen*, zu *rêofan*) *cleued : wevyd* (*wǽfed*) 1184.

IV. prs. shake : crake 133. *sloo : to* 1565. *sleeth : with* 1532. *sleth : deth* (*dêaþ*) 1855. *: gooth* 1885. (3. sg. prs. zu *gân;* reimt 1167 mit *dêaþ*). *washe* 1728. *wexith* 952. — *pt. sg. low : inow* 792. *drow : inow* 969. *drewe* 966. 1318. *swor* 1666. *toke : hoke* (*hôc*) 965. *tak* 1715. *wax* 1651. *slǫw : drǫw* 1658. *sley : awey* 304. *waked* (erwachte) 213. — *part. begreue : haue* (*habban*) 405. 460. *slauwe : adauwe* 199. *islawe : ouerþrouwe* 382.

V. prs. beholde : goold 1504. *: wold* (*wolde*) 1822. 501. *lete : mete (mêtan)* 1272. 1170. *late* 1798. 1126. 1798. *throuwe : bouwe (boȝa)* 859. *swapeth : lappeth* 1626. — *pt. sg. felle : telle* (*tellan*) 1691. *fille* 144. 1321. *felle* (trans.) 1631. *weped* 637. 1314. *lepe* 1103. 1502. *leppe* 1228. *heuwe* 1632. *swoned* 1322. *hit* (vocabatur) 26. 84. 1042. *hitt : myght (miht)* 187. — *pl. threwe : true* 842. *heuwyn* 605. *hyng* s. o. — *part. tohewyn : bewreyen* (bedeckt; lies *bewroȝen?*) 1445.

Sir Ferumbras hgg. von Herrtage in EETS. e. s. 34.

Ia. inf. reke : breke 1249. *forȝete : mĕte* 2800. 3559. 5570. *underȝyte : wўte* 2469. *ȝyue : ydryue* 2767. *sysst* (2. sg.) *: Crysst* 5809. *ligge* 1311. *lye : profetye* 1180. — *pt. sg. badde : adradde* (pt.) 3145. *ȝaf : staf* 1243. *ȝif* 2082. 2247. *gat* 5825. *lay : away* 861. *spake : ytake* 917. *: rake* (pt. sg. zu *recan*) 2177. *quaþ* 120 etc. *seet : swet* 1200. *soȝ* 2857. *saw* 1223. 1413. *say : away* 811. *seȝe : heȝe* 1241. *ysay : day* 4665. *seȝ* 736. *spak : blak* 806. *wes : meteles* 1194. *was : cas* 3444. — *plur. reke : speke* (pt. pl.) 5403. *ȝaue* 967. *geuen* 5032. *sete : mête* 1212. *spake :* 2531. *sye : Normandye* 1679. *yseȝe : eȝe (ēaȝe)* 506. *ware : spare* 298. 1156. *: sare* (*sâr*) 150. 4105. *wore : hore* (*hâr*) 154. *: restore* 2468. *: before* 4387. 3445. *: more* 1344. 4660. *weore* 157. — *part. ymete* 2092. 4661. *yȝete* (zu *etan*) *: ysete* 49. *ystoken* 5190.

Ib. inf. hele 1125. — *pt. sg. bare : spare* 225. *baar* 1089. 1318. *totaar* 4533. *bar : þar* 5025. *: aar* (*ǣr*) 4620. *helede* 3655. *shar : baar* 702. *: bar* 615. *: baar : þar* 1318. *beer : eer* (*ǣr*) 64. *breke* 5133. *keem : Eem* 260. *nam* 257. 746. *cam* 839. 851. *com* 861. — *pl. kemen* 3130.

Ic. prs. brenne 4722. *renne* 2333. *abrayde : saide* 224. *ȝilpe* 694. *yworþe* 4761. *worþ* 488. — *pt. sg. orn : horn* 3893. *faȝte : raȝte (reahte)* 5392. *halp* 449. *fauȝt* 2657. *swarf* 743. *: carf* 744. *ran : man* 590. *: þan* 1368. *swom* 3938. *yworþ : forþ* 2908. — *pl. runne : wonne* 902. *ȝulde* 953. *foȝte* 2687. *toburste : durste* 5065. *tobraste :*

þraste (þrǣstan) 2304. — *part.* *yȝolde* : *golde* 3684. *foȝt* 1127.

II. prs. *steȝe* (Carstens, Diss. von Kiel 1884, hält es fälschlich für das pp.) : *heȝe (hêah)* 5164. 2388. *ounwrye* : *nubbye* 1849. [*syȝyng* 1040]. — *pt. sg.* *bot* : *smot* 588. *tochon* : *gon* 3001. *steȝ* : *heȝ* 5731. *strek* 244. [*siȝte* 1023]. *seȝ* (von *sîȝan*) : *heȝ* 589. — *pl.* *riden* 1673. — *part.* *astoȝe* 2971. 5027. 5187. : *yloȝe* 5164. *astyȝe* : *nyȝe* (*nêah*) 5056.

III. prs. *broke (brûcan)* : *stroke (strâc)* 463. *luse* 4469. *schete* : *grete* 3265. *bude* : *ȝude (ȝeêode)* 1792. *chuse* : *luse* 4468. *flen* : *men* 959. *schute* 3254. *abede* : *stede (stêda)* 5346. *abowe* : *trowe (trûwian)* 2805. *flye* : *crye* 4928. *drie* : *die* 2523. *loute* 67. *abude* 1833. — *pt. sg.* *forbed* 802. 1230. *fleȝ* : *neȝ* 2182. *fledde* : *ledde (lǣdde)* 3005. *chees* : *þees* (acc. pl. „diese") 918. *clef* 843. *schef* 1369. *schutte* 3595. *schet* 3962. : *ded (dêad)* 3381. *ounlok* 1254. *loste* 1642. *crep* : *hep* (*hêap*) 5557. *abowȝ* : *þorw* (*þurh*) 3390. *aboȝede* 2070. — *pl.* *abode* 1985. *cloue* 179. 2724. *lore* 2298. *fleȝe* 1017. *flowen* 855. *floȝe* 5099. — *part.* *ounyloȝe* : *boȝe* (*boȝa*) 511. *betoȝe* : *hoȝe* (*hoȝa*) 4539. *cloue* 179. *tocloue* : *aboue* (*abufan*) 3697. *ycore* 766. *aboȝe* : *astoȝe* 2972. *ylost* 1645.

IV. prs. *forgnaȝe* 1149. *lawe* 386. 1156. *slee* : *see* (*sǣ*) 55. *slone* : *trone* 426. : *mone* 1958. *slo* : *þo* 1669. *waxe* : *axe* 894. *wixe* : *sixe (syx, siex)* 1666. 1484. *schake* : *take* 928. *stape* 345. *hebbe* 1248. — *pt. sg.* *low* : *prow* 356. *lowȝ* 524. *drow* 592. *slow* 59. *schep* 541. *hef* 340. 621. *heuede* 4551. *swer* 178. : *fer* 83 (*fǣr*). *wax* 1588. 1820. 3639. etc. — *plur.* *suere* 3756. *waxe(n)* 3723. 4196. sg. *wod* : *slôd* 590. — *part.* *aslawe* : *drawe* 1613. : *felawe* 2356. : *sawe* (*saȝu*) 1634. *ysleyn* : *ageyn* 1855. *ysleyne* : *tweyne* 1648. *slone* : *done* 1957. *(y)schape* 1223. : *ascape* 4713.

V. inf. *afonge* : *longe* 1237. *volde* 3028. *clowe* 463. *halt* (3. sg.) 1602. — *pt. sg.* *fuld* (zu *fealdan*) 3390. *ful* 2237. 844. *hiȝt* : *kniȝt* 1116. *het* 1067. 1083 (jussit). *het* (nominavit) 4865. *huld* 178. 186. *tohewe* : *newe* 986. *lup* 243. *wep* 4928. *clew* 5339. *schad* 743. *rad* : *had* 5789. *addradde* : *badde* 3145. *heng* 845. — *pl.* *fulle(n)* 5065. :

hulle (*hyll*) 984. : *reculle* (*reculer*) 970. *bute* (*bêoton*) : *grute* (*ȝrêat*) 2907. *hywe* 604. 1598. — *p a r t.* *ybete* 5808. *tohewe* : *schewe* (*scêawian*) 676. 1962. *forheawed* : *ystrawed* 2689. *ylepe* 4626. 5057. *ylope* 5059. *ysowe* (ohnmächtig) 2328. *yuolde* : *beholde* (inf.) 5796. *yrad* 5789.

Trevisas Übersetzung des Polychronicon.

Hgg. von Babington und Lumby. Handschrift Ms. und α sind bald nach 1387 geschrieben. β, vom Anfang des 15. Jahrhunderts, hat nördlichere Sprache. γ, um 1400 geschrieben, gehört am weitesten nach Süden und ist für uns die wichtigste Hs. Sie bietet aber nicht denselben Dialekt wie Rob. von Gloucester, wie Morris und Skeat in ihren Specimens angeben. β und γ sind vom Herausgeber erst von Seite 307 des 2. Bandes an benutzt. Der Abschnitt Bd. VII, 79—202, welcher von der Lesart der übrigen Hss. sehr stark abweicht, zeigt auch auffallende sprachliche Unterschiede von dem übrigen Teile des Ms. (z. B. das nördliche *saw*, welches sich sonst bei Trev. nicht findet; p. p. fast stets auf *-en* und ohne *y-*). Vielleicht ist das so zu erklären, dass hier einer anderen, nördlichen Vorlage gefolgt wurde. VII, 501—538 steht der entsprechende Abschnitt aus β und γ. Die Zahlen 1—7 an erster Stelle bezeichnen den Band. Wo ich die Nummer des Bandes nicht angebe, ist der erste gemeint.

I a. p r s. *ete* : *whete* 405, 16. *ȝeue* 327, 17. 407, 9 γ. 7, 121. *giff*(*e*) 7, 119. 7, 131. *gif* 7, 177. *forȝete*, γ *vorȝute* 4, 423. 7, 345. *gete* 419, 21. 251, 5 α. *ligge* 153, 8. 2, 41, 17. 4, 147. *lye* 3, 257, 1 (*lygge* γ *ligge* β). 4, 297 (*lygge* γ). *lye* β *lygge* γ 6, 257. 7, 535. *leese* 15, 1. *mete* 43, 1. *see* : *aȝe* 407, 25. *weie* 3, 207, 10. *speke* 209, 4 etc. *spake* (α *speke*) 229, 9. — *p t. s g.* *eet* 4, 445. 7, 13. *ete* (γ *eet*) 3, 113, 16 und 17. (γ *yte*) 7, 505. *eet* (γ *et*) 4, 61. *bad* 2, 285, 8. 7, 29. *bade* 4, 289, 10 β. *quod* 2, 429, 16. 7, 413. (β *quoþ* γ *quaþ*) 3, 159, 15. (α *quoþ* γ *quaþ*) 3, 181, 15. *quoþ* 7, 415. *ȝaf* (auch γ) 99, 19. 125, 3 etc. *ȝif* 7, 439. *gat* 151, 3. 157, 10 etc. *gatt* 2, 295, 11. *gatte* 283, 4. 7, 111. *gate* 2, 241, 9. *bygat* 279, 5. *forȝat* 4, 9.

forȝate 4, 13. *lay* 197, 7. 2, 121, 7. 7, 79. 4, 365. *lase* 11, 15 *laas α*. *spak* 2, 193. *spake* 7, 535. *sat* (*γ saat*) 3, 339, 14. 4, 383. *sate* 7, 509. *satt* 3, 357. *satte* 221, 7. 7, 89. *say* 121, 6. 307, 3 (*α say*). *sey* 307, 5 (*α seie*). *seie* 4, 421. *seiþ* 2, 433, 10 (*sygȝ α*). *seih* 2, 5, 14 (*seiȝ α*). 2, 197, 1 (*syȝe α*). *seygh* 5, 23. *sih* 167, 6. *sigh* (*β, γ syȝ*) 6, 113. (*γ sye*) 5, 167. (*γ syȝ*) 5, 177. 3, 79, 16. 3, 183, 9. *sigh* 421, 23. 2, 191, 11. 2, 209, 10. 2, 305, 19 (*α syȝe*). *siȝ* 167, 11. *siȝe* 6, 9. *saw* 7, 123. *sawe* 7, 143. 7, 127. 7, 115. *trad* 3, 347. *trade β*. *totrade* 233, 2. 4, 105. *tradde* 2, 321, 4. *weygh α weyȝ β wayȝ γ* 4, 7. *weyed* 221, 6. (*α weyȝ*) 3, 207, 13. (*α wey*) 3, 207, 13. *weiede* (*α wey*) 3, 207, 11. *was* 11, 15. 77, 15 *γ*. — *pl.* *ete* 2, 229, 15. 2, 339, 7. (*γ yte*) 6, 405, 5. *eet* 3, 101. *frate* 5, 171. *ȝaf* (auch *γ*) 2, 279, 11. 2, 281, 3. 6, 385, 5. 7, 504. *gaf* 7, 89, 5. *gefen* 7, 95, 6. *ȝeue* 6, 165. *gete* 253, 4. *get* 2, 249, 9. *gat* 331, 1. *gatt* 291, 13. *leie* (*α leyȝe*) 2, 71, 8. *lay* 2, 79, 11 *α*. 2, 377, 5. *sete* 3, 399. 5, 461. (*β sate*) 3, 343, 2. *sette* 187, 16. *sitte* (*α sete*) 187, 17. *speke* 231, 9. 283, 6. 6, 163. 4, 33. *spak* 2, 357. 5. 5, 233. *seiȝe* 191, 13. *sey* 373, 16. *seie* 2, 283, 21. *seigh* 2, 65, 1. 2, 369, 19. 3, 235, 13. *sighe* 2, 195, 12. *sigh* 7, 15. 7, 407. *sight* 6, 201. *syȝ β*. *syȝ* 7, 505. (*γ sye*) 7, 507. *say* 179, 14. *totrede* 2, 387, 8. *weie* 6, 267 *weyede β*, *weyȝe γ*. *were* 1, 3, 10. 236, 10 *γ* etc. — *part.* *ibede* 2, 429, 13. 6, 401. 4, 135. *iete* 335, 17. 335, 18. 407, 23. 4, 11. 3, 319, 20 (*β eeten*, *γ yȝete*). *iȝete* (*α β γ yete*) 6, 387. *iȝeue* 189, 7. 2, 97, 4. 2, 449, 15 etc. *igeue* 4, 305, 5. *iȝoue* 2, 203, 17. (*β iȝeue*) 7, 489. 7, 485. *igiffen* 7, 149. 7, 161. *gyfen* 7, 129. 7, 159. *gyffen* 7, 121. *igyffen* 7, 103. *giffen* 7, 165. 7, 199. *ȝefen* 7, 121. *ȝeuen* 7, 121. *ȝouen* 7, 121. *byqueþe* 1, 5, 2. *igete* 1, 7, 13. 183, 11. 335, 15. *forȝet* 17, 1. *forȝete* 323, 4. *geten* 155, 16. *gete* : *mete* (*mete*) 427, 15. *igetten* 7, 139. *ȝitte* 7, 153. *ileie* 4, 465 (*ylay β*). 4, 237 (*β leyn*). *ilay* 2, 295, 17. 4, 365. (*yleye β*) 7, 353. *isete* 5, 415. *iseie* 15, 11. 67, 9. (*γ yseye*) 3, 113, 8. (*β seen* als part.) 7, 363 und 6, 283. (*γ yseyȝe*) 5, 129. *seie* 19, 14. 239, 12. *iseiȝe* 179, 18. [verbaladj.

isene 213, 6. 385, 8. *iseyn* 2, 35, 10. 2, 381, 3 (*α seie*).] *ispoke* 3, 353. 6, 207. 4, 123. *imete* 2, 11, 4. 2, 89, 15. *isteke* 65, 3. *stoken* 7, 121. *iweve* 5, 369. 2, 345 *α*, *wouen β*. *trode* (*α β γ trede*) 5, 379. *iweye* 3, 129. *iweie* (*β weyed*) 6, 265.

Ib. prs. come 29. 3. 26, 19. *ouercommynge* (subst.) 2, 359, 16. *byneme* (*α bynyme*) 73, 10. (*γ bynyme*) 5, 117. (*β γ bynyme* 3, 311, 7. *beres* : *speres* 401, 5. *hele* 193, 15. 2, 17, 20. [*helie* 3, 393 *heelye β*. *helye γ*] — *pt. sg. com* 77, 8. 157, 10 (auch in *γ*). *come* 89, 12. 195, 15 (auch *γ*). *com* (*γ cam*) 7, 237, 6. *cam* Ms. u. *γ* 7, 243, 7. *cam* 5, 277. 7, 333. 7, 537. *came* 7, 535. *bicam* (*γ bicaam*) 4, 395. *bynam* 5, 377. 5, 421. *byname* 231, 5. 2, 113, 5. *baar* 2, 349, 7. 5, 181. *bare* 219, 1. 231, 20. 7, 135 etc. *bar* 5, 155 *γ*. *bare* 4, 471 (*γ baar*). *bore* 309, 3. *brak* 191, 18. 2, 369, 19. 4, 193 etc. *brake* 7, 535. *staal* 7, 65. *schaar* 4, 169. *schare* (*γ schar*) 6, 99. *heled* 7, 5. (*β heeled γ helede* 3, 453. — *plur. come* (auch in *γ*) 149, 5. 127, 13. 7, 59. *com* 145, 15. 173, 17. 5, 407. *cam* 183, 18. *bere* 2, 281. *bare* 5, 195. (*γ bar*) 2, 331, 2. *bar* 2, 425, 2. *breke* 7, 31. 7, 217. (*β brake*) 7, 289. *brake* 7, 535. *brak* (*α breek*) 301, 17. *heled* 2, 227, 17. — *part. icome* 273, 16. *ibore* 145, 1 etc. *iborn* : *horn* 427, 7. *ibroke* 141, 1. *istole* 3, 43, 13. *ischore* 263, 2. 7, 239. *iheled* 217, 2. 5, 167.

Ic. prs. drynkeþ (*α drunggeþ*) 161, 1. *clymbe* 63, 17. *brenne* 197, 11. 2, 189, 20. 6, 11. *brynnynge* 2, 325, 19. *brennynge* 223, 17 etc. *eorneþ* 115, 2. 236, 19. 239, 21 etc. (auch *γ*). *renneþ* 57, 17. 359, 16 etc. (*α eorneþ*) 59, 2. *ȝerneþ* (*α eorneþ*) 105, 12. *renneþ* 5, 329 *erneþ β*, *urneþ γ*. *berke* 7, 443 *β*. 55, 16. *kerue* 387, 22. *melteþ* 269, 16. 299, 4. *ȝelde* 2, 411, 13. (*γ ȝulde*) 6, 399 und 4, 443. *ȝeelde* 7, 349. *ȝilde* 2, 97, 7. 2, 87, 21. 3, 125. 5, 31. 4, 9. *fiȝte* (*γ vyȝte*) 7, 241, 1 und 7, 239. *fiteþ* 177, 11. *swelleþ* 133, 20. *swelewith* (*α swolweþ*) 119, 1. *sweloweþ* 65, 16. *worþe* 189, 12. 189, 13. 365, 5. *iworþe* 6, 279. *ȝelle* (*γ ȝolle*) 4, 395. — *pt. sg. bonde* 425, 24. *brende* 4, 127. *gan* 425, 16 usf. *bygunne* 2, 251, 10. *drank* 3, 113. 7, 69. *fond*

2, 223. (*γ vond*) 5, 379 usw. *fonde* 197, 6. *fand* 7, 201. *founde* 229, 5. *ran* 97, 11. 7, 25. *swam* 4, 197. *song* 5, 241. *songe* 2, 369, 4. 7, 289. *sprong* 367, 12. *sprang* 7, 83. 4, 27. *α β γ* 5, 159. *wan* 4, 171. *fauȝt* 2, 355, 17. 4, 181. (*γ voȝt*) 5, 329 und 7, 507. *fauȝte* 225, 3. 5, 95. *fouȝt* 3, 233, 4. *ȝelde* (*γ ȝuld*) 3, 351. (*γ ȝulde*) 3, 371 etc. *ȝalde* 5, 413. 4, 201. (*γ ȝuld*) 4, 71. *halp* 2, 403, 16. *γ* 7, 273. *halpe* (*γ halp*) 7, 305. *helpe* (*α halp*) 103, 2. *swal* 4, 389. *swelowede* 2, 353, 17. *swolowede* 2, 271, 18. *werþe* 5, 377. (*γ worþ*) 6, 93 und 7, 485. *werþ* 6, 385 *β* 14. (*γ worþ*) 7, 505. *worþe* 269, 6. (*α β γ werþ*) 4, 149. (*β werþe, γ werþ*) 4, 467. *stank* 4, 137. *sanke* 4, 197. — *pl.* *bounde* 4, 429. *bonde* 217, 10. *dronken* 7, 91. *dronke* 7, 505. *drank* 269, 3. 7, 167. 7, 113. *founde* 2, 329. *fond* 4, 157. *founde* (*γ vonde*) 6, 409. *bygunne* 2, 257, 8. 4, 153. *bygonne* 2, 101, 1 etc. *bygan* (*γ bygonne*) 3, 187, 10. *gonne* (*γ gunne*) 7, 77. *ronne* 3, 81 *α* 2. *swam* 2, 423, 9. *whan* (*α wan*) 331, 1. *spronge* 2, 167, 2. *sprang* 5, 171. *stonke* 5, 433. [*can : man* 413, 17.] *fauȝt* 2, 389, 7. *fauȝte* 2, 435, 8. *fouȝte* 4, 59. *foughte* 5, 267. *ȝolden* 3, 385. *ȝilde* 3, 95. *worþ* 3, 45, 8. — *part.* *ibounde* 5, 437. *ifounde* 43, 12. *ifonde* 3, 253, 3. *iclunge* 63, 16. *idronke* 2, 17. *ydrongke* 237, 2 *γ*. *bigunne* 3, 233, 14. *bygonne* 2, 3. *ibrend* (intr.) 6, 13. *isonge* 7, 77. *iwonne* 235, 3. *ispronge* 2, 23. *byspronge* („besprengt“) 7, 493. (*γ bysprounge*) 5, 151. ebenso *spronge β, sprenged* 5, 7. *icorue* 237, 8. *ibursten* 7, 197. *ifouȝte* 2, 417, 14. (*γ yvoȝte*) 7, 319. (*β fouȝten*) 3, 375. *(i)ȝolde* 6, 425. (*γ yȝolde*) 3, 299, 12. (*γ ȝulde*) 5, 7. *iholpe* 5, 279. *iworþe* 4, 187. *iswolle* 299, 2. *toswolle* 7, 27. *iswelewed* 71, 4. *iswelowed* (*γ yswolwet*) 3, 109, 18. *yswolwed* 4, 441. *iwounde* 2, 345.

II. *prs.* *rype* 11, 17. *stye* (*β styȝe*) 4, 411. *schite* 4, 329. *ryne γ* 3, 285, 12. [Ms. *regne; reine* 319, 9], [*siche* 7, 535. *siȝhynge* 7, 195]. *rise* (*β* und *γ rese*) 7, 473. — *pt. sg.* *boot* 3, 233, 3, *β bote*. *abood* (*α abode*) 3, 329, 15. *aboode* 2, 343, 10. *droof* 381, 13. (*β drof*) 4, 341. *drof* 2, 433, 4. *drove* 7, 111. *rood* 5, 457. *rod* 231, 15. *slod* *γ slod β slood* Ms. 7, 237. *roon* („regnete“) 2, 239, 13.

(*β rone*) 4, 3. *roos* 2, 367, 14. (*β γ ros*) 4, 405. *rose* 7, 143. *schoon* 2, 235, 8. (*γ schone*) 6, 425 und 7, 11. [*siched* (*γ sychede*) 5, 353.] *schoot* 5, 153, 1. *smoot* 241, 6. 2, 355. *smote* 3, 45. *stigh* 4, 467. *steiȝ β*. *stiȝe* 3, 125, 19. *steyȝ α steiȝ β styȝ γ*. *steihe* 113, 17. *steiȝ α*. *wroot* 59, 11. 129, 7. 2, 59, 14. — *pt. pl. abide* 3, 19, 17. 5, 263. *abede* 139, 1. *dryue* 383, 18. *droof* 139, 20. *drof* 2, 99, 8. *ride* 2, 357, 20. *smyte* 7, 243. 4, 409. *write* 1, 3, 7. 67, 9. *arise* 219, 4. 7, 515. 5, 243. *rose* 7, 127. *schroof* 7, 241 *schrof β γ*. *agrised* 4, 27 *agrise β agryse γ*. — *part. abide* 2, 161, 25. *idryue* 123, 13. 2, 103, 9. (*i*)*dreue* 133, 18. 7, 217, 333, 7. *arise* 4, 279. 4, 57. *beschyne* 113, 12. 325, 9. *beschyned* 307, 20 *α*. *isteie* 4, 227, 1 *steyed β ystowe γ*. *ismyte* 191, 12. 2, 325, 4. *ismete* 3, 283, 2. 3, 123, 14 *ysmyȝte γ*. *ischete* 4, 329. 4, 441. *schite β*. *iwrite* 1, 5, 21. *iwrete* 373, 17. (*γ ywryte*) 3, 249, 3 und 3, 357, 5. [*yspewed* 4, 439 *yspuwed γ*.].

III. prs. forbede (*γ forbeode*) 3, 279, 1 und 4, 465. *boweþ* 2, 185, 11. 2, 371, 14. *chese* 4, 377. 7, 359. (*γ cheose* 3, 417. *flee, γ fleo* 3, 401. 4, 439. *β fleo γ vlue* 7, 59. *γ vle* 7, 217. 6, 201. *fle* 139, 21. *fliȝe* 2, 367, 12. *flete, γ vlete* 6, 297. *liȝe* 225, 18. *lye* 3, 459. *lese γ luse* 7, 49. 7, 315. *leseþ α β, luseþ γ* 7, 477, 2. *lese* 3, 163, 5 *loose β leose γ*. *lose* 11, 18 *lese α*. *leese* 7, 504 *β, luse γ*. *schete* 81, 10. 91, 3. 7, 413. *souke* 2, 319, 14. 3, 43, 6. *seþe* 7, 129. — *pt. sg. forbeed* 3, 343, 11. 7, 433. 7, 129. (*γ forbeod*) 3, 391 und 4, 217. (*γ vorbude*) 7, 313. (*γ forbeode*) 4, 469. *forbede* 2, 343, 4. 7, 129. (*γ forbeod*) 5, 161. (*γ uorbud*) 7, 515. *forbode* 7, 91. *bowede* 7, 417. *creep* 6, 403, 1 *creop β crep γ*. *crepe* 3, 397. *fleet* 3, 13. *chees* 2, 343, 9. 3, 251, 4. (*γ ches*) 6, 277 und 4, 45. (*β ches*) 4, 339. *ches* 3, 279, 12. (*β chees*) 3, 347. *fleigh* 191, 15. 233, 9. 2, 439, 15. *fleiȝ* 195, 4. 197, 5. (*γ vlyȝ*) 5, 383. *fleyȝ* 2, 385, 4. *fly α* 2, 345, 9. *fley* 2, 45, 2. *fliȝ* 243, 8. 341, 2. *fliȝe* 2, 325, 6. *fliȝ, γ vlyȝ* 6, 89. 6, 145. [*fledde* 7, 173]. *lyȝ* 4, 353. *lygh* 3, 43, 2. *unleek, β unleke* 6, 205, 1. [*loste γ lost* Ms. 7 245, 1 und 6. *loste* 7, 363. 5, 185. 4, 69 etc. (*β looste*) 5, 361. *schovede* 4, 105.] *scheet γ* 7, 77, Ms. *schette β schott. schot* 7, 301. — *pl. chees* 283, 12. *flowe* 191, 14. *fleyȝe* 2, 329, 4. *fley α. fleiȝe* 3, 231, 15, *γ flyȝ. fleiȝ* 2, 327, 2. 5, 271. *fleigh* 189, 21. *fliȝe* 2, 279, 6. 2, 385, 2. *fligh* 4, 27 *flye γ. fliȝ* 3, 397 *flye γ. fliȝ* 3, 231, 10. 5, 271. *flih* 2, 367, 7. *flyȝe* 2, 355, 5. *flyȝ* 5, 397 *vlye γ. flye* 4, 389. 4, 441. — *part. ybode* 7, 111. *forbode* 85, 4. 2, 215, 6. 7, 409. *icloue* 313, 17. 4, 57. 4, 347. *icrope* 3, 397. *ichose* 165, 2. 261, 15. 379, 10. *iflowe* 4, 225 (auch *γ*). 5, 429 (*β γ aflowe*). *iȝote* 233, 13. 235, 16. 4, 185. 3, 17 *γ* 7. *iloke* 373, 12. 7, 525. *isoke* 3, 267, 12. *isode* 2, 25, 12. 2, 165, 14 (auch *γ*). *ifrore* 325, 15. 7, 9 (*γ yvrore*). 7, 497, 2. *froren* (adj.) 323, 11 *frozen α. ilore* 3, 231, 16. 3, 233, 2. *(i)lost* 1, 5, 16. 7, 3. 145, 18. 4, 161. 191, 14. 1, 7, 7. 17, 1 (auch *γ*). *ischote* 7, 411. 7, 67 (*β yschott*). *schott* 7, 413 *β. schot* 4, 449.

IV. prs. bake 7, 171. *schake* 4, 5. *wade* 3, 131. *stonde* 73, 19 etc. *gnawes : dawes* (*daȝas*) 2, 39, 19. *drawe : sawe* (*saȝu*) 399, 17. *fleeþ* 2, 187, 7. *sleeþ α. slee* 91, 11. 4, 201. 7, 193 etc. *sle* 2, 309, 10. *lauȝhe* 5, 73. *laughe* 11, 9. 305, 7. *lawhe* 7, 29 *lauȝe β.* 7, 333 *lauȝe β lauȝhe γ. lawhynge* 3, 395 *lawȝinge β lauȝwyng γ. swere* (*γ swerye*) 3, 39, 3 und 3, 293, 1. *grauynge* (subst.) 229, 2. *schaue* 3, 397, 2. 4, 89. *schape* 337, 13. 359, 14. *schappinge* (subst.) 2, 211, 8. *wexe* 81, 21. 111, 2. 365, 7. 5, 91 usf. *waxen* 187, 19. *wasche* 7, 17. (*α wasse γ waysche*) 6, 403. (*γ waysche*) 4, 429. 5, 225. — *Pt. sg. drowe* 2, 413, 17. (*α drouȝ*) 3, 357. *drew* 2, 367, 10. *drewe* 7, 187. *wiþdrewe α* 2, 239, 1. *slogh* 2, 81, 6. *slowh* 103, 4. 2, 171, 29 usw. *slow* 125, 12. 205, 22. *slouȝ* 5, 273. *slowȝ* 7, 243 *slouȝ γ. slowe* 225, 8. 431, 13. 2, 175, 17. *slew* 7, 141. 7, 149. *louȝ* 4, 301. *lowȝ* 4, 217. *lowh* (*α lowȝ*) 121, 5. (*α louȝ*) 2, 193, 21. *heued* 3, 99 *α* 7. *haf* 4, 447. *schaued(e)* 3, 235, 15. 4, 61. *swoor* 3, 355. *swore* 7, 423. 7, 359. *stood* 2, 97, 11. *schoke* 85, 1. 4, 157. *schook* 5, 183 *schwok γ. forsook* 2, 323, 2. 2, 405, 13. (*γ vorsouk*) 7, 259. 7, 305. (*γ vorsok*) 5, 357. *forsaked* 7, 83. *took* 209, 5. (*γ touk*) 7, 469. 7, 5. 6, 167. *toke* 9, 5. 67, 15. (*γ touk*) 7, 407. *tooke* 97, 12. *bytake* 2, 445, 15 *bytook α. wook* 7, 411. 2, 429, 7. *woke* 7,

537. *awook* 7, 71. 5, 179. 6, 93. *γ wysch* (bei Morris-Skeat, Spec.) *wax* 3, 81 *γ* 11. 113, 14. 2, 285, 12. 4, 75. (*β wexe*) 3, 371. *waxe* 7, 504. *wex* 6, 385. 7, 91. 7, 195. *wexe* 7, 535. — *plur.* *drowe* 221, 10. 7, 153. *drewe* 2, 155, 14. *drew* 7, 93, 2. *slowh* 137, 11. 2, 109, 1. *slowe* 151, 20. 205, 16. *slowȝ* 153, 9. 3, 45, 9. *slow* 7, 91. *lowh* 2, 195, 2. 3, 353. *swore(n)* 4, 49. 7, 239. 7, 95, 6. *stood* 85, 2. *took* 139, 6. 301, 14. *toke* 127, 14. 139, 16. *awook* 5, 243. *wook* 7, 241 *woke γ*. *forsoke* 4, 153. *forsooke* 6, 273 *vorsouke γ*. *woxe* 343, 10. *wax* 37, 16. 267, 1. 351, 2. *wexe(n)* 4, 391. 115, 25. — *part.* *(i)drawe* 21, 9. 2, 25, 17 usf. *ihoue* 2, 153, 17. *igraue* 221, 15. 2, 231, 2. 5, 379. *igraued* 215, 20. 2, 81, 2. *yschaue* 7, 239. *(i)lade* 3, 231, 15. 4, 197. *forsake* 7, 15. 7, 325. *understonde* 237, 12. *islay* 7, 125. *islayne* 343, 16 *slawe α*. *slayn* 7, 187. 7, 131. 7, 504. 7, 159. *islawe* 7, 327 *sleyn β*. 4, 281 *slayn β*. *islawe* 139, 5. 141, 2 etc. *ischape* 79, 17. 81, 15. 4, 101 etc. *ischappe* 187, 21. *itake* 13, 1. 236, 9. *iwaked* („erwacht") 7, 23. *awaked* („erwacht") 6, 273. *iswore* 2, 435, 7. 7, 233. (*β sworn*) 3, 191, 19. *isworn* 5, 393. *iwoxen* 7, 117. *iwasche* 205, 7. 365, 6. 4, 395 etc. *wasshe* 5, 311 *wesche β*.

V. *prs.* *hewe* 215, 7. 3, 145. *holde* 79, 1 etc. *halt* (3. sg.) 229, 9. 229, 8. *hote* (vocari) 193, 6. *hoote α*. (jubere) 2, 141, 13. *hete* 2, 277, 17. (*α β lete*) 2, 327, 15. *hatte* (vocatur) 97, 1. 6, 123. 6, 149. (vocantur) 121, 9. 297, 13. *hat* (vocatur) 109, 8, 151, 6. 291, 2. *hoteþ* (vocantur) 123, 16. 173, 21. *hiȝte* (vocatur) : *briȝte* 413, 23. *floweþ* 57, 14. *blowe (blâwan)* 427, 8. *blowe (blôwan)* 6, 259. *lowynge* 225, 11. *rowe* 7, 17. *sowe* 195, 11. 2, 309, 13. *sawe* 315, 9. *sowe α*. *fonge* 7, 16. 201, 24 etc. *fange γ* 3, 37, 21. *walke* 2, 311, 9. *lete* 2, 327, 17 etc. *letteþ* 181, 6. *wepe* 2, 65, 1. 2, 217, 3. (*wuep γ*, imper.) 7, 417. (*wuepe γ*) 7, 463. 7, 475. (*weope γ*) 5, 125. — *pt.* *sg.* *beet* 281, 17. 7, 363. (*γ beot*) 4, 57 und 3, 261, 18. (*γ bute*) 6, 387, 3. *knew* 337, 9. *knewe* 11, 1. 3, 43, 18. *feng* 163, 15. 2, 235, 10. (*α fynge γ vynge*) 7, 265. *fenge* (*γ vyng*) 7, 9. 7, 15. 7, 335. *(fang β)* 3, 355. *fong* 4, 9. *hyng* (*α heng*) 221,

7. *hyng* 221, 12. 5, 169. *heng* (γ *hyng*) 7, 71. *heng* 5, 169. (Überall in intr. Bedeutung; die folgenden trans.) *heng* 3, 389. 4, 11. (β *hangide*) 3, 391. *ful* 189, 19. 3, 33 γ 3. 3, 41 γ 5 etc. *fel* 237, 4 (*fil* α). 215, 4. 2, 219, 10 etc. *fell* 7, 195, *fil* 421, 24. 219, 17. γ *vul* 5, 345. 6, 477 usf. *byfell* 7, 113. *fille* 2, 357, 21. *heeld* 3, 137, 9 *huld* γ. *heelde* 2, 317, 20. *held* 3, 173, 3 *huld* γ. *helde* 89, 14. 235, 19 etc. (β *heelde* γ *huld*) 3, 231, 15 und 3, 325, 9. *hylde* 2, 131, 12. 2, 133, 9. (β *heelde* γ *huld*) 6, 409, 2. (α *hulde*) 2, 129, 17. *hulde* 2, 131, 11. *hilde* 283, 2. 2, 235, 10. (γ *heuld*) 5, 297. *hyld* 349, 11. *hilde* (γ *huld*) 2, 317 und 357. *hewe* 7, 363. (Bedeutung „jussit“ :) *heet* 383, 5. 2, 317, 18. *het* 2, 153, 6 *heet* γ. *hyte* 7, 411. *hiȝte* 2, 285, 1. (vocabatur :) *heet* 115, 8. 195, 13. *hete* 2, 91, 22. 2, 107, 6. *hiȝte* 121, 8. 121, 9. 131, 2. *hiȝt* 115, 6. 115, 10 etc. *hitte* 161, 12. *byheet* 3, 59 γ 17. 2, 409, 8. (γ *byhyte*) 7, 359. (γ *byhyȝte*) 7, 273. *byhete* 2, 151, 7. 2, 239, 3. *blowe* (zu *blâwan*) 7, 193. *dradde* 9, 8. 11, 1. 7, 335. (β *drad*) 3, 441. *dredde* 105, 1. 6, 397 α γ. 5, 153. *leep* 3, 397. (γ *luep*) 5, 447. (γ *lupe*) 6, 203. (γ *leop*) 3, 57, 10. *lepe* (γ *leop*) 3, 55, 18. (γ *leep*) 3, 403. *lete* 2, 331, 8. 2, 339, 5. 7, 65 etc. *leet* 4, 125. 6, 393. 5, 301. *weep* 4, 197. (γ *wuep*) 7. 375. (γ *wep*) 7, 79. (β *wepte* γ *wuep*) 7, 395. (β *weope*) 3, 449. *byweep* (α β *by-wepte* γ *bywupe*) 7, 393. *wepte* 7, 413. (γ *weep*) 3, 169, 12. (α *weep*) 367, 10 und 3, 75, 15. *rowed(e)* 5, 157. (γ *rou-wede*) 6, 385. *sewe* 125, 13. 3, 91. *sleep* 2, 409, 6. 3, 343, 2. (γ *slep*) 3, 181, 12. 5, 385. (γ *sleop*) 3, 7, 11. 3, 41. (γ *slup*) 7, 13. *slepte* 3, 353. *þrew* 233, 1. (γ *þruw* 7, 349. *þrewe* 229, 16. (*þruw* γ) 7, 534. *walked(e)* 7, 67. 3, 283, 2. 373, 5 α. *wallede*, γ *wellede* 5, 235. — *pt. pl. bete* 5, 265. *leet* 4, 157. *lete* 4, 31. *lette* 153, 8. *knewe* 9, 1. 2, 215, 5. *knowe* 51, 2, α *knewe*. *fenge* 107, 1. 2, 153, 15. *feng* 2, 335, 6. 5, 275. 5, 267. *fonge* 7, 493. *heng* 2, 387, α *hyng*. 2, 423, 8. *fille* 6, 201 *vulle* γ. *fil* 4, 157. 349, 13. α β 329, 11. (γ *vul*) 6, 405, 4. *fille* 41, 5. 2, 319, 2. *fel* 2, 155, 16. *heelde* 4, 69. *helde* 153, 5. 2, 143, 16. (γ *huld*) 3, 215, 2. *hilde* 303, 2. 2, 147, 20. *hild* 2, 249, 9.

hylde 2, 261, 16 und 18. *welde* 7, 4. *byhizt* 231, 10. *heet* (vocabantur) α 217, 9. *hizte* 149, 8. 151, 1. *sewe* 3, 181. *grewe* 2, 61, 20. 2, 369, 16. *slepe* 5, 243. *sleped* 7, 113. *wepe* 2, 195, 3. *þrewe* 3, 285, 10. (*þruw* γ) 7, 509. 7, 512 und 6, 11. *þrew* 5, 159. — *p a r t. ibete* 2, 7, 9. 5, 197. 7, 299. *ouerblowe* (zu *blâwan*) 6, 95. *biflowe* 133, 15. 2, 377, 4. *(i)knowe* 5, 15. 43, 20. *igrowe* 197, 11. 4, 119. *isowe* 339, 13. 5, 195. *iþrowe* 2, 69, 2. 5, 281. (Zu *swôʒan* :) *isowe* 6, 477. *aswowe* β *yswowe* γ. *ihewe* 5, 263. 7, 225. 221, 18. *ifalle* 1, 5, 14. *yfongge* 3, 73 γ 18. *yvonge* 7, 51 γ. *yfong* 3, 253 γ 2. *ifonge* 2, 353, 21. 3, 9, 3. *ihonged* 219, 3. *anhonged* 141, 2. 7, 497. *iholde* 1, 5, 9. (*yhuld* γ) 3, 389. *halde : Haralde* 2, 83, 16. *ihote* (vocatum) 153, 16. 243, 12. (jussum) 2, 237, 4. 2, 317, 16. *byhoot* α 5, 175. *ilope* 5, 5. *ilete* 181, 3. 2, 147, 9. 4, 359. *ilate* 7, 411. 4, 401. *islepe* 265, 13. 5, 243. *isleped* 7, 143. *irad* 19, 14. 3, 203, 5. *iredde* (γ *yrad*) 6, 293. *iwalked* 2, 23, 16 (auch γ). *iwope* 4, 3. *toschad* 3, 241.

Editha und Etheldrede. Beide hgg. von Horstmann, Ed. Heilbronn 1883, Eth. in den AE. Legenden, neue Folge, Heilbronn 1881, 282 ff. Im selben Ms. überliefert. Die Belege aus Eth. sind mit a bezeichnet.

I a. p r s. bydde : sybbe 3983. („jubere") *: rede* (*rǣdan*) 2762. *methe (metan) : deythe (dêaþ)* 1716. *ʒeue* 191 a. *: leue (lêaf)* 231 a. *: greue* (afrz. *greuer*) 1409. *forʒeue : leue (lifjan)* 3400. *ʒyff* 935. *gete : lepe (hlêapan)* 3018. *gette* 3949. *forʒete* 2024. 3708. *speke : eke* (*êac*) 4184. *spake : make* 660. *spake* 616. *ly : gretly* 4394. *lye : þereby* 397 a. *: prye* 439 a. *lyge* 3156. 4652. *leyge* 3732. 4798. *se : me* 1045 a. 1055 a etc. *seynne : aʒeine* 909 a. *seyn* 1689. *: slen (slêan)* 4758. *syʒe* 4602. — *p t. s g. badde : hadde* 601 a. 2268. *: rede (rêad)* 3034. *bede : Etheldrede* 604 a. *: Ede* 2264. 3413. *bydde : drydde* (timor) 4964. *bedde : hedde* (cura) 2873. *: redde* (part. zu *rǣdan*) 259. *: dede (dêad)* 727. *: adredde* (part. zu *drǣdan*) 1467. *: adredde* (part.) 2677. („jussit" :) *bad : ladde (lǣdde)* 3520. *badde : abadde (âbâd)*

4348. : *adredde* 4515. *bad* 297. 2307. *badde* 4512. 3508. 2401 etc. *byde* 1696. *ȝaff* 331 a. 169 a. 1071. 2264. *ȝaffe* 81. 860. *ȝaue* 2948. *ȝeuede* : *leuede* (vixit) 347 a. *gate* : *þat* 168 a. *forȝat* 453. *gatte* : *þat* 856. *kat* : *þat* 4377. *ete* : *seke* (*sêoc*) 1181. *neytte* (*ne ǽt*) 334 a. *lay* 1005 a. 1000 a. : *away* 382 a. : *aray* 808 a. 1188. : *day* 839 a. : *countraye* 481. : *say* (*secȝan*) 3380. *laye* : *away* 516. *ley* 729 a. 621 a. *leyȝe* : *by* 3385. *lye* 4459. : *hyȝe* (*hêah*) 2582. *satte* 349 a. 114. : *þatte* 838. : *þat* 1006. : *fatte* (part.) 2817. *sete* 2486. *spake* : *clappe* 3355. : *sake* (*sacu*) 2183. 2202. : *take* (imperat.) 1133. : *lake* (mnl. *lack*) 3240, *speke* 738 a. 3149. *mette* 4621. *metede* 4620. *say* 1112 a. 1130 a. : *day* 3106. *saye* 688 a. : *araye* 523. *seye* 631 a. : *away* 712 a. *sey* : *y* (*ic*) 2426. *seyȝe* : *play* 3714. : *heyȝe* 1801. : *nyȝe* (*nêah*) 1863. : *neyȝe* 1908. *syȝe* : *day* 4034. *sye* 1025 a. 4131. *sie* 4644. 4646. *saw* 764 a. 2512 etc. *sawe* 220. 1821 etc. *was* : *cas* 543 a. : *chas* (*cêas*) 177 a. : *godenesse* 235. : *grace* 13 a. 25 a. : *abbas* 281 a. 856 a. : *lasse* (*lǽssa*) 329 a. : *passe* (*passer*) 1025 a etc. : *ywys* 10 a. 345. *wesse* : *godenesse* 824. *wasse* : *place* 333. *wase* : *grace* 2446. *wes* : *ywys* 4077. *wys* : *ywys* 328. *were* : *þere* 1557. *wys* (conj.) : *ys* 1049 a. — *p l.* *badde* : *ymade* 4810. *bede* : *Ede* 2372. 2633. *bedon* 1031. *ȝeue*(*n*) 3457. 143 a. *eton*(*e*) 520. 4153. *leyȝe* 993 a. *lay* : *away* 1280. 1292. *lye* 1318. 1672. *speke* 287. 3794. *seton*(*e*) 3115. 3301. *setton* 1761. *trede* : *drede* (*drǽd*) 2940. *sye* : *dye* (mori) 519 a. *seye* : *fantasy* 2474. *seyȝe* : *hyȝe* 2846. *syȝe* : *heyȝe* 3807. *sie* 4020. *sey*(*n*) 523 a. 667 a. 1429. *were* : *fere* 71. : *yffere* 1 a. 9 a. — *p a r t.* (*y*)*ley* 2919, 639 a. *ylay* : *day* 4165. *yleyȝe* 1001 a. *y-etone* 3301. (*y*)*ȝeue* 907 a. 791 a. 2842. *ykete* (zu *ȝietan*) 3360. *forȝete* 2744. *yspoke* 4981. *spoken* 298 a. *ystoke* 3726. *wreke* : *breke* (inf.) 3581. *yseye* : *day* 590 a. *seyȝe* 999 a. 1005 a. : *abbeye* 1502. *seye* 907. 1049 a. *ysaye* : *away* 2562. : *may* (puella) 224. *yseyȝe* : *way* 3606. *ysye* 1037 a. 2136.

I b. *p r s.* *hele* : *fele* (*fêol*) 4928. *come* : *bynome* (part.) 894 a. : *grome* (*grom*) 3984. — *p t.* *s g.* *bare* 1029. 4371. 617 a. *brake* 2765. : *take* 4403. *come* : *home* 3160. 3166,

: *nome* 23. — *plur. brekon* 4410. *beron* 873 a. 3185. 2035. *teren* 3036. *stele* 3525. *come(n)* 596 a. 453 a. usw. *came* 599 a. — *part. ybore* 287 a. *ybroke* 4508. *ystole* : *thole* (*þolian*) 3531. *bynome* 896 a. *ycomen* 431.

Ic. prs. blynne : *inne* 2140. *fynde* 619 a. *feynde* 3254. *bren* : *þen* 490. *brennyng* 996 a. 1045 a. *bryngnyng* 1274. *renne* : *þen* 474 a. : *brenne* (trans.) 1291. : *ȝerne* (*ȝeorne*) 2581. *mowrnyng* 1646. *tobarst* : *fast* 4413 (aber vielleicht ist *duden* zu streichen, so dass *tobarst* pt. pl. wird). *ȝelpe* : *helpe* 53. *help* 355 a. 359 a. 641 a. *helpy* : *abbay* 4754. — *pt. sg. gon* 1289. *con* 889. 1045. *bygone* : *anone* 3386. *dronge* (*dronc*) 1692. *fonde* 3318. 836 a (: *honde*). *founde* 978 a. 4088. 2547. *song* 1913. 2580. *spronge* 2341. *wonne* : *mon* 3238. *wronge* 2075. *clomb* 3727. *ron* : *þeron* 894. : *þon* 4519. : *mone* (*mon*) 2625. 3755. *barst* : *fast* 4130. *brayde* 4004. *carff* 1170. *ȝolde* 562. *halp* 1792. — *plur. dronken* 4153. *founde* : *grounde* 2567. *bygon(n)e* 292. 602. *bygunne* 285. *drongone* (*druncon*) 520. *brende* 1281. *wrongon* 3035. *songe* : *longe* (*long*) 4270. *mournedone* 461. *burst* 4415. *broston* 3449. *burke* 893. 912. *borken* 928. *fouȝte* 425. *holpe* 3184. — *part. unbounde* : *londe* 4241. *yfounde* : *tombe* 671 a. (*y*)*fonde* 1939. 1953. (*y*)*songe* : *among* 2103. : *thronge* (*ȝeþrang*) 2113. *dronkon* 3301. *ysprongone* 131 a. *won* 87. *ywonne* 42 a. *yron* 3123. *ronne* : *þenne* 477 a. *irenne* 463 a. *ycoruyn* 879 a. *byswulte* : *byhulte* (*bihêold*) 1319.

II. prs. sykyng 1865. — *pt. sg. abode* 284 a. usf. *bodde* 2882. *abadde* : *badde* (*bæd*) 4350. *drof* 36. 72. *droffe* : *þeroffe* 748. *droff* 3440. *draffe* 91 a. 106 a. *shone* 3129. *schroue* 2005. *rose* 900 a. 4951. 3349. *roſſe* 1284. *rode* 884. *streke* 3739. *sykede* 4132. [*raynede* 4536.] — *plur. abydde(n)* 924 a. 4210. *dreuyn* 542 a. 54. 56. *drouyn* 3263. *reson* 652 a. 683 a etc. *reden* 4479. [*streuyn* 3 a.] *sykedone* 1986. 1997. 4678. — *part. aresone* 4023. *smytte* : *whitte* (*whît*) 3389. *ywyte* 1266. *ywrete* : *pyte* (ne. *put*) 1112 a.

III. prs. bude : *nede* 1520. *fle* : *idee* (part. zu *dôn*) 292. *lowȝt* : *abouȝte* 2845. — *pt. sg. bede* 2228. *flow* 1150.

chas : *was* 179 a. — *plur.* *cheson* 274. *losten* 3451. — *part.* *icore* : *ybore* 789. *ykore* : *more* 1640. *yschose* 2207. 2422. *choson* 301 a. *ycloue* 4134. *flowe* : *lowe* (*humilis*) 1552. (*y*)*lore* : *sore* 2076. : *more* 1247. (*i*)*lost* 4528. 1060 a. *unloke* : *ybroke* 4510. *lowtud* 1552. *bytowe* 240 a.

IV. *prs.* *stond*(*e*) 2048. *stont* (3. sg.) 581. *awake* 4956. *slen* : *seyn* (*sêon*) 4756. *swere* 275 a. *lawe* 3386. *lyge* 2165. *graue* 1879. *stape* : *make* 4402. *wasshe* 320 a. : *asshe* (*âsca*) 2757. 2777. — *pt. sg.* *heue* 2661. *drowe* 1058 a. 1010 a. : *gnowe* 521. 1072. *drawe* 3724. *woke* (*ôc*) 3731. *shoke* 4289. *forsoke* : *toke* 2678. *toke* : *boke* 1116 *a*. 1178. *to* 506. *stode* 18 a. 524. : *gŏd* 422 *a*. *stodde* 2160. : *mode* (*môd*) 385 a. *slow*(*e*) 66. 301. *swore* 880. *woke* 2763. 1671. (trans.) 1672. *wake* 4467. *awoke* 506 a. : *toke* 2543. 3742. *wosshe* 2825. *woxe* 1294. *woxse* 4551. *woxce* 4689. — *pl.* *houe* 3015. *heuen* 2559. *drowyn* 3855. *drawe* 3015. *slowe* 561. *shokon*(*e*) 4231. 4237. *stoden* 2088. *token* 1711. *awokon* 1293. *woxe* 284. — *part.* *ydrawe* 1048 *a*. *drowyn* 1078 a. *stonde* 1551. *ytake* : *forsake* (inf.) 306 a. *shakede* 1334. *yslawe* 103 a. : *lawe* 1115. 4311. : *todawe* 427. *slave* : *lawe* 1721. *yschape* 691 a. 875 a. *welle=shape* : *Jape* 4368. *swore* : *nomore* 3957. *ygraue* 718 a. *ygrauyd* 879 a. *waxsou* 4580. (*y*)*wasshe* 324 a. 328 a. 449. : *asshe* (*âscian*) 2819. *ywasshede* 327 a.

V. *prs.* *blawe* : *knawe* 1914. *knowe* : *mowe* (können) 190 a. *know* : *ȝow* 396 a. *knoyth* (3. sg.) 547. *knowyth* 546. *byhetuth* 4057. *falle* 1987 usw. *fulle* 4417. *fonge* 2235. *rede* : *fede* (*fêdan*) 272 a. : *Ethedrede* 585 a. : *dede* (*dêad*) 979 a. : *Ede* 2376. : *bydde* (jubere) 2760. *red* 332. *redde* : *redde* (*rǣd*) 2250. *rude* : *Wultrude* 2758. *let* 300 a. 474 a. 1011 a. 2397. *lette*(*n*) 221 a. 4430. — *pt. sg.* *blew*(*e*) (zu *blâwan*) 1276. 352 a. *knew* 201 a etc. *knewe* 771 etc. *know* 248 a. *dredde* : *ferde* 2161. *drede* : *dede* (*dêad*) 1647. *dred* 1480. 1548. *red* 1005. 1010. *het* (vocabatur) 172. *byhette* : *fette* (prehendit) 930 a. *holde* 1227. 2897. *hulde* 2232. 2117. *hult*(*e*) 108 a. 1012 a. 3749. *byhulte* : *byswulte* 1317. *fel* 258. *fele* : *hele* (*helan*) 4930. *felle* : *delle* (*dǣl*) 1058 a. 2315. : *telle* (*tellan*) 1267. 1503. 4389. : *welle* 2998. *falle* 1261. 4589. *felle* (trans.) : *snelle* 300. *lepe* : *slepe* (subst.) 4366. *let* 1004 a. 658. 130. *lette* 470 a. 330. : *kepte* 452. *slept(en)* 4590. 3741. 4217. *wepe* 1855. 2112. : *slepe* (subst.) 508 a. 2765. 3693. *wepte* 2074. 4297. : *mette* (pt. zu *mêtan*) 4941. : *yslepte* 3214. — *p l.* *blwe* (zu *blâwan*) 281. *knewen* 826 a. *knew* 3083. *crowedone* (zu *ʒrôwan*) 896. *felle* 1350. 1702. *folle(n)* 897. 943. *byholden* 1423. *hongedone* (trans.) 3218. *walkede* 3571. *wepto(ne)* 433. 515 a. 1985. 3035. *wepten* 2942. — *p a r t.* *(y)knowe* 117. 3939. *ygrowe* 117 a. *adrede* : *herde* (*hîerde*) 432. : *bedde* (*bæd*) 1465. *adredde* : *redde* (part zu *rǣdan*) 841. : *badde* (*bæd*) 4517. *adradde* : *gladde* 2327. *redde* : *dedde* (*dêad*) 22 a. 30 a etc. : *gŏd* 1769. *redde* : *hedde* (part. zu *habban*) 2395 etc. *hongede* 4436. *yfalle* : *calle* 898. 3325. *yfole* 522. *yholde(n)* 215. 3204. *lette* 2624. *aswowe* 2629. *assowe* 1987. *asswo* : *so* 3393. *yslepte* : *wepte* 3212. *walkude* 3711.

Arthur,

hgg. von Furnivall in EETS 2; Hs. einige 10 oder 20 Jahre vor 1450 geschr. Zum Beweise für die südl. Herkunft führt der Hgbr. eine Reihe von Formen an, wozu ich noch folgende Reime füge: *men* : *kyn* 528. *ydoo* : *þo* 602. *soo* : *þertǣ* 289. 157. *reckeny* : *twenty* 409. *hulle* (*hyll*) : *telle* 353. *hure* (*hîeran*) 354. *flow* (*ʒeflоʒen*) : *drow* (*drôh*) 579. Doch auch: *ydone* : *incarnacione* 625. Zwei von den Reimen sind kentisch.

I a. p r s. *se* : *kne* 85. *seyn* : *ysleyn* 471. *lygge* 360. *ʒeueþ* 106. *ʒyf* (imp.) 556. — *p t. s g.* *bad* 373. *say* 282. *bygat* 28. *ʒaf* 118. *spak* 537. *was* : *lasse* (*lǣssa*) 123. — *p l u r.* *ʒaf* 15. *say* 483. *seye* 84. *sete* 193. — *p a r t.* *bygete* : *rede* (*rædan*) 3. *yspoke* : *þrote* 81.

I b. p r s. *come* : *Rome* 287. — *p t. s g.* *coom* 192. 351. — *p l u r.* *bere* : *were* (*wǣron*) 640. *come* : *Rome* 195. — *p a r t.* *coom* : *hoom* 276.

I c. p r s. *fyght* : *myght* 338. *feyght* 324. — *p t. s g.* *fonde* 370. *fought* 85. *fowʒt* 385. *bygan* : *man* 548. — *p l u r.* *fought* 67. *fowʒt* 603. [*may* 250.] — *p a r t.* *founde* 40. *drounke* : *brount* 526.

II. p t. s g. *bood* 13. *ros* 87. *smot* 87. *wroot* 247. — p l u r. *smote* 83. *wrote* 623.

III. p r s. *fle* 373. *lye* : *aspye* 202. *leze* 231. — p t. s g. *fly* (fugit) 569. : *wysely* 69. *fled* 571. 576. *lost* 467. — p l u r. *fly* 461. *clefte* 464. *schot* 458. 460. *loste* : *faste* 102. — p a r t. *flow* : *drow* (*drôh*) 579. *ylost* 386.

IV. p r s. *scle* : *per de!* 235. : *þe* 376. — p t. s g. *drow* : *flow* (*ȝeflоȝen*) 580. : *sclowh* (*slâw*) 366. *stood* 92. *sclowh* : *ynowh* 396. *toke* 104. 501. *wexed* 95. — p l u r. *sclow* 528. *toke* 278. — p a r t. *ytake* 272. *scley* 212. 223. *yscleyn* : *seyn* (*sêon*) 472. *ysclayn* : *Waweyn* 566. : *certeyn* 608.

V. p r s. *vnderfang* 229. *lat* 348. 435. *reede* : *deede* (*dêad*) 579. — p t. s g. *drade* 38. *fell(e)* 99. 86. *hyȝt* 514. *let* 44. *leete* 636. *wept* 371. *blywe* 457. *ouerthrywe* 458. (vergl. *tryw* 255. *dywe* (afrz. *deu*) 256.) *hyw* 89. *dradde* 484. *wept* 101. — p a r t. *drad* 115. *ybete* 609. *vnfold* : *told* (part.) 199. *ylete* : *mete* (*mete*) 194. *rad* : *mad* (amens) 233.

DIE ENTWICKLUNG DES ABLAUTS IM GANZEN.

KLASSE Ia UND Ib.

I. DAS PRÄSENS.

Bei der Mehrzahl der Verben frühme. *ĕ*, später *ē*. — Während im Altws. der *u-*, *o*-Umlaut gewöhnlich nicht eintritt, finden wir in den Hss. B und R der Marh. Jul. Kath. fast ausnahmslos *eo* in den Formen, welche *u-*, *o*-Umlaut haben können, und *e* in den übrigen. Die 2. u. 3. Sg. Ind. und der Imp. Sg. haben nur *e* : *ȝef, cweđ, biȝet, et, brec, beređ, forcweđest*, *ȝeueđ* usf.[1] In der Hs. B scheint der umgelautete Vokal auch im Opt. allein zu gelten (*beore* Kath., *bineome* Jul., R hat das richtige *binime*), vermöge des Umstandes, dass bei den meisten Verben ja Ind. und Opt. denselben Vokal haben. Für den Inf., Imp. Pl., Ind. Pl. u. 1. Sg. und das Part. giebt es in B nur die einmalige Ausnahme, Inf. *meten* Jul., in R ausserdem noch *cweđinde, ȝeue* (1. Sg.), *aȝeuen.* Man darf nicht auf Grund dieser paar Abweichungen den Wechsel zwischen *eo* und *e* für eine Schreiberunart erklären wollen, indem der Diphthong *eo* zu jener Zeit schon zu *e* vereinfacht sei und daher fälschlich auch *eo* für *e* geschrieben würde. Ebensowenig kann *eo* bereits gedehntes *ē*, dagegen *e* lautgesetzlich kurzes *ĕ* bedeuten. Denn die PP.

[1] Ebenso *heouen heuest heueđ* (ae. *hebban*) mit Übertritt in diese Klasse.

werden stets mit *e* geschrieben und nicht anders die Pt. Pl. (vgl. auch die Bemerkungen unter *niman*). Es bedeutet *eo* sicher den vor folgendem *u*, *o* umgelauteten Vokal. Wenn jedoch aus anderen Gründen bewiesen würde, dass zur Zeit der Abschrift der drei Legenden bereits Monophthongierung des *eo* eingetreten wäre und früheres *eo* und *ĕ* gleichwohl damals gleich gelautet hätten, so würde man den Wechsel als in vorangegangener Zeit begründete, geschichtliche Schreibung ansehen müssen. — Kath. Hs. C schreibt überall *e*, nur *ȝiuen* und neben häufigem *nimen* nur einmal *neome*. — Lamb. hat, wenn auch nicht durchgehend, *breocan, heole(n), speoken, eaten* usf.; auch hier wird dagegen das PP. nur mit *e* geschrieben. Auch in den Ev. findet man gelegentlich *forgeofe, cweađađ* etc., jedoch nie solche Schreibungen im PP. Laȝ. hat *eo*, *ea* gelegentlich im Prs. und im PP. Alle übrigen Denkmäler zeigen *e*. — Man kann also annehmen, dass auch der Süden in ae. Zeit den *u*-, *o*-Umlaut in grösserem Umfange, als es die ws. Denkmäler bezeugen, gekannt hat. Oder soll man die Formen (bezw. bloss die Schreibungen) mit *eo* für anglisch erklären — und vielleicht auch die Denkmäler mit diesen Formen nicht so weit nach Süden weisen? Wofür ausser jenem *eo* sich noch andere Gründe geltend machen liessen.

Wann die Dehnung der kurzen Vokale in offener Tonsilbe erfolgt sei, ist bis jetzt noch nicht bestimmt ausgemacht. Am frühesten ist sie wohl in Kent eingetreten; Reimann, Sprache der mittelkent. Evangelien, führt Schreibungen mit Accenten an. Ich stelle hier zusammen, was sich aus meinen Listen ergiebt. Bei Laȝ. deutet auf Kürze A *wracke (wrecan)*, B *scecky* (quatere: es ist in die I. Kl. übergetreten). ON reimt Inf. *breke : spêke* Pt. Pl., Inf. *forhele : fêle*, PP. *unsode : tobrōde* (vergl. *forbrode : rôde), forlore : môre*. Misc. schreibt Inf. *éte*, PP. *ycóre* und reimt Prs. u. PP. *ymete* mit *ê*. Sh. hat Reime für *ēte, yfrēte*, *bēre, ylōre*. Bei Rob. sind solche Reime sehr selten, die Vokale reimen meist nur unter sich; jedoch belege ich PP. *bede : lǽdan* u. *sǽde*. L Jesu reimt *bēre*, *ybōre, forlōre;* Chestre : *yēte* (PP. zu *etan*), *ysēte, ibōre*, *totōre, ylōre*. Troye : PP. *unmēte, wrēkyn*, *ibōre;*

EE. Prs. *ȝēue, mēte, spēke, hēle, tēre, bēre,* PP. *ibōre, ylōre, ykōre.* Arth. PP. *bygēte.* Trev. β schreibt *heelye.*

Auf Irrtum beruhen die Prs.-Formen *bore* Lamb., *broken* Jul. B, *broke* Aȝ.

Abgesehen von *séon, licȝean, biddan, sittan* finden sich sichere Formen mit *i* in der 2., 3. Sg. Prs. Ind. nur in den Ev., z. B. *cwiđst.* Auffällig ist, dass die Denkmäler, welche den *u-, o*-Umlaut zeigen, nicht auch wie der ae. Psalter und das WS. den *i*-Umlaut haben, sondern wie das North. den nicht umgelauteten Vokal *e.*

II. DAS PRÄTERITUM.

Im AWS. ist der Ablaut im Sg. *ǣ*, Plur. *ǽ* (bei *ȝietan* u. *ȝiefan: eá* und *eâ,* doch im späteren WS. durch Wirkung des Palatals *ȝet* und *ȝêton* usf.), im Akent. überall *e, ê.* Doch sind für den Sg. auch Formen mit *ǽ* anzusetzen (Sievers, Gramm. 122), wie Accente, Doppelschreibungen und der Gebrauch in der Poesie beweisen. Diese Längen mögen schon durch die Annahme einer selbständigen Dehnung zu erklären sein, wie die übrigen von Sievers angeführten Beispiele. Doch wird ihr häufiges Vorkommen, sowie ihr Fortleben während des ME. in einem grossen Gebiet des Südens am besten durch den Einfluss des Plurals und der langen Vokale in fast allen übrigen Pt. Sg. gedeutet; denn die übrigen gedehnten Wörter besitzen jedenfalls eine solche Beständigkeit nicht.

A. Ein langes *e* im Sg. wie im Pl. Pt. gilt:

1. In Lamb. Es wird ausnahmslos *e* geschrieben im Pt. Sg., dagegen häufig *a* in den übrigen Wörtern mit ae. *ǣ : at, watere, abac* usf. Daher ist *spēk, bēd* usf. anzusetzen.

2. Kath. Jul. Marh. haben in allen Hss. ausnahmsloses *e* im Pt. Sg., während für jedes andere *ǣ* öfters oder meist *a, ea* geschrieben wird; Hs. C hat besonders häufig *a : glas* 1661. *biradde* 1230. *þat* 1426. *after* 17. 743. *wattres* 271. 687. 1389 usf.; Hs. R Jul. *feader* 32. 36. 52. *lasse* 26.

feat 68. etc.; Hs. B Jul. *leadden* 53. *veat* 31. 69. *leasse* 27. Kath. *weattres* 271. 687. 1389.; Hss. BR Jul. *water* 48. *blakede* 48. Auch heisst es stets *ȝef* und *biȝet*, wogegen sonst für *eá* meist *a* steht: Jul. *carles* 26 RB. *ȝarow* 72 RB. *iȝarket* 70 RB; Kath. *ȝarow* 2302. *ȝarken* 1752. *ȝate* 2421 C. 2454. *schaftes* 249. *scharp* 2234. 1925; Marh. *schadewe* 9 usf. Ich sehe keinen anderen Rat, als die Pt. *brec*, *ȝef* usw. mit langem *e* su lesen; *ȝēf, biȝēt* erkläre ich aus den angeführten spätws. Formen *ȝef, biȝet* und nicht wie Cohn aus den ws. nicht belegten *ȝæf, biȝæt.*

3. In AR. wäre *zef*, *biȝet* neben *ȝeruh (ȝearu)* 394. *ȝete (ȝeatu)* 334. *ȝetteđ (ȝeattan)* 170. nicht auffällig. Wie in den Pt. so steht auch sonst immer *e* für ae. *ǣ̆*. Nur vor *e* und nach *w* steht *a* : also immer *bac, blac*, *water.* Weil aber nur *cweđ, spec, brec* vorkommt, so können diese Formen nicht einfach aus *cwǣ̆đ* usf. hergeleitet werden. Es schiene hier allerdings auch möglich, *cwĕđ*, *spĕc*, *brĕc* zu lesen, indem diese Pt. sich an die berechtigten *sĕt*, *ȝĕf* etc. angelehnt hätten. Aber wir werden auch hier *ē* annehmen für *brec cweđ, spec* sowohl als auch für *set, ber* usw., weil für die übrigen Denkmäler *ē* sicher ist; *ē* findet sich sonst oft im Reime, *ĕ* nie.

4) Laȝ. schreibt einmal *seæt,* gerade wie *deæf (deáf),* und einmal *seeh;* für einen hellen Laut sprechen auch seine vielfachen Schreibungen mit *e, æ, ea,* die wir wegen der obigen Doppelschreibungen auch lang lesen dürfen.

5. Misc. bietet die Reime *bed : goddéde, wes : wemmeles;* die hieraus sich ergebende Länge in den Pt. Sg. wird auch mit Sicherheit aus dem Umstande gefolgert, dass zwar für ae. *ǣ̆ a* und *e* steht, in den Pt. aber ohne Ausnahme *e* geschrieben wird (stets *set, ber*; aber neben *gled* 1, 663. *þet* 1, 566. *neddren* 19, 176 etc. oft *þat* 1, 575. 19, 621. 19, 154. *hwat* 1, 577. *glad* 1, 590. 19, 107. *abak* 1, 535. 1, 212. *vadere* 1, 583. 1, 586 usf.).

6. Ebenso in Marh. 3. stets *spec* usw., aber *after* 56. *þat* 49. *water* 49. 62. *fader* 58 usf.

7. In den Ev. sind die Längen in *ǽt, spǽc, brǽc, gebœed* durch die Accente und Doppelschreibungen gesichert.

8. Während die Serm. nur *spac, was, yaf* haben, worin *a* nach Danker den *ea*-Umlaut bezeichnen soll,[1] finden wir im PM. und Aȝ. nur *e* (ausgenommen *yaf*, *yeaf*, worüber später). Dieses *e* könnte, da die Denkmäler kentisch sind, die regelrechte Entsprechung des ws. *ǣ̆* (schon akent. *ĕ*) sein; nur sehr selten finden wir *a* z. B. *smal* Aȝ. 137 (fehlt bei Danker).

9. Auch das Shoreham MS., welches von einem nicht kentischen, aber südländischen Schreiber herrührt, hat fast immer *e* im Pt. Sg.; einmal findet sich *beer* und öfters *speke*, *bere*, *breke*, Schreibungen, welche mit langem Vokal zu lesen sind. Auch durch die Reime wird die Länge bewiesen. Man wird daher auch den Formen in Aȝ. gedehnten Vokal zuerkennen dürfen. Die Reime bei Sh. von *was* mit *solas*, *pas*, neben anderen mit *lêas*, sind ausserkentisch.

10. Auch der Dialekt Chestres hatte wahrscheinlich *ē* im Pt. Sg., worauf die Mehrzahl seiner Reime hinweist.

11. Troye ist ebenfalls in einem Dialekt mit *ē* im Pt. Sg. verfasst, siehe die Reime.

12. Durch Reime sind die Formen mit *ē* ferner gesichert bei Rob., welcher sonst für *ǣ̆* *ă* hat. Die Reime von Pt. Pl. *bade* sind entweder nicht ursprünglich, wie es den Anschein hat (sieh die Bemerkung in der Liste), oder sie sind von Robert aus Bequemlichkeit einem anderen Dialekt entlehnt, was ja etwas ganz Gewöhnliches im ME. ist. Bemerkenswerte Abweichungen s. später unter *wæs* und *etan*.

13. Auch die Legenden und Heiligenleben aus Gloucestershire, sowie die Chron. (hier auch Doppelschreibungen) reimen die Pt. nur mit *ē*. Die vielen Schreibungen mit *a* im Sg. rühren von Schreibern mit anderem Dialekt her oder sind eine Folge des Strebens nach einer allgemeinen Schriftsprache.

14. Sonst findet man noch *ē* im Pt. Sg. in ON. im Jesus Ms., und neben anderen Formen in H Leg. u. Fer (hier auch Reime).

Wir haben oben für die Erklärung des ae. *ǣ* im Sg.

[1] Vergl. was weiter unten beim Ablaut *â* gesagt ist.

eine Dehnung des *ǣ̆* durch Einfluss des langen Pl.-Vokals angenommen. Diese Erklärung können wir ohne weiteres auf die me. Denkmäler anwenden, welche nur *ē̆* für ae. *ǣ̆* haben, also auf das Kentische. Für die übrigen, zumal für die, welche wie Rob. in anderen Wörtern stets *ă* für ae. *ǣ̆* im Reime haben, möchte man, da man hier dann gedehntes *a* im Sg. erwartet, eine andere Erklärung für nötig halten, die man leicht in der Annahme finden könnte, dass das *ē* des Pl. das *ă* des Sg. verdrängt hätte. Allein, wie wir später genauer darthun werden, ein solches Eindringen des Pl.-Vokals in den Sg. scheint im Englischen nur sehr selten und in vereinzelten Fällen eingetreten zu sein, und stets wirken dabei noch andere Gründe mit; nirgends jedoch hat der Ablaut des Pl. Pt. den des Sg. in einer ganzen Kasse verdrängt (die ne. Pt. *bit*, *came*, *bound, burst*, *gave* u. ä. enthalten nicht, wie man bisher immer erklärt hat, den Pl.-Vokal, sondern sind, wie sich im Verlaufe dieser Arbeit zeigen dürfte, anders zu verstehen). Ausserdem ist zu bedenken, dass bis zur Zeit Roberts und länger im Süden in den übrigen Klassen noch gerade so strenge zwischen dem Sg.- u. Pl.-Ablaut geschieden wird wie im AE., so dass wir aus diesem Grunde schon kaum in *bēd* das pl. *ē* sehen dürfen. Zwar könnten die Klassen 1a und 1b den Anfang gemacht haben in der Vermischung des Sg. u. Pl.; aber es zeigt sich, dass, wie im Norden und Mittelland schon früher, so auch im Süden später der Sg.-Ablaut gerade auf den Pl. ausgedehnt wird. Und es ist die Möglichkeit vorhanden, alle die Pt. Sg. mit *ē* auf dieselbe Art zu erklären: Die Dehnung des Sg. ist eben nicht erst im ME. eingetreten, sondern auf dem ganzen Gebiet, wo später *beer*, *seet* usw. gilt, schon im AE., als es noch *bǣ̆r, bǣron* hiess (im ak. *ber*, *bêron)*. Damals wurde *bǣ̆r* zu *bǣr*, und dieses *ǣ* entwickelte sich wie das *ǽ* des Pl. zu *ē*, mochte *ǣ̆* zu *ē̆* oder *ă* werden. Dann versteht sich auch Kluges Meinung (Anglia, Anz. 5, 82) besser, wonach das *ǽ* in *sǽton* eigentlich nur dem Conj. zukomme u. der Ind. Pl. den nicht umgelauteten Vokal *â* haben müsse. Denn nachdem das *ǣ̆* des Sg. zu *ǣ* gedehnt war, konnte sich das *â* des Ind. Pl. gegenüber der Überzahl der Formen mit langem *æ* nicht mehr halten und wurde durch das *ǽ* des Conj. (oder das *ǣ* des Sg.!) ersetzt. Darnach wäre *sǣt* sehr alt, denn ein Plur. wie *sâton, spâcon* lässt sich ae. nicht belegen; und statt dass in *seet* usw. der Pl.-Vokal stände, hätten wir in dem Pl. *sête, spêke* usw. vielleicht den Vokal des Sg., was ungleich besser zu der sonstigen Geschichte des englischen Ablauts passt. Hierzu vergleiche den bei Gelegenheit der Besprechung von *feallan* gegebenen Beweis, dass im Dialekte Shorehams auf dieselbe Weise der Plur. *sculon* durch das Zusammenwirken der Sg.- u. Opt.-Formen, welche gleichen Vokal hatten, beseitigt ist.

Ich werde nicht irren, wenn ich das *ē* des Pt. Sg. allen südlichen Küstenlandschaften von Gloucestershire bis Kent zuweise. Wie die ne. Dialekte zeigen, hat gerade Südengland eine starke Neigung zu umfangreicher Dehnung.

B. Der Ablaut *ā* im Pt. Sg. und Pl.

Neben dem Ablaut *ē*, der die grösste Ausbreitung im Süden hat und soweit er im Sg. steht, als ein eigentlich südlicher bezeichnet werden darf, kommt auch noch ein langes *a* vor im Pt. Sg. u. Pl. Wir scheiden zwischen dem früheren und späteren Vorkommen, da das ältere *ā* wahrscheinlich anders aufzufassen ist als das jüngere. Beide finden sich nirgends ausschliesslich in einem Denkmal, und in den älteren Werken ist das Vorkommen im Sg. überhaupt nicht sicher, wogegen es später gerade hauptsächlich im Sg. auftritt. Das ältere Vorkommen (bis zum 14. Jhd.) beschränkt sich auf die folgenden drei Denkmäler.

1. Die Ev. haben im Pt. Sg. neben *æ*, *e*, *ǽ*, *æe* auch manche *a* (*agaf*, *sprac*, *sat* etc.), deren Quantität unbestimmt ist, und im Pl. neben *æ*, *e*, *ee* folgende Formen mit *a*: *sp(r)acen*, *cwaðe*, *baren*, *stalen*, *braka*, 2 mit Accent: *nâmæn* daneben auch *næmen*) und *gâfe*. Das letzte erklärt Reimann für einen Schreibfehler, was ich nicht billigen möchte; auch in Aȝ. steht auffallender Weise nur *ȝeaue*. Ich will nicht unbemerkt lassen, dass im Pl. nie *æ* oder *e* einen Accent hat, sondern nur *a*, im Sg. dagegen nur *æ*. Wir dürfen nicht annehmen, dass *a* nur eine andere Schreibung für *ǽ* sei;

denn es findet sich nur in ganz bestimmten Wörtern an Stelle des ws. *ǽ*, z. B. auch in *laten, slapen*, aber nie z. B. in *ræden, dræden*. Wohl aber findet man *ǽ* für *â*, z. B. in *geswæc* (ae. *ȝeswâc*); daher sind vielleicht auch manche Pt. Pl., die mit *æ* geschrieben sind, mit *â* zu lesen. Die Erklärung des Pl. *â* aus dem Sg. *sprac* u. s. w. empfiehlt sich nicht, wenngleich sie sehr schön das fehlen eines Pt. von *etan* mit *â* begründete; erstlich wären dadurch nicht alle *â* erklärt (nicht auch *slâpen, lâten*) und zweitens findet sich in allen übrigen Klassen kein Beispiel für ein Vordringen des Sg.-Ablauts in den Pl. Nehmen wir aber mit Kluge, Anglia 5 Anz., an, dass die regelrechte Vertretung des got. *ê*, hd. *â*, im ae. *â* war und nur der Umlaut *ǽ*, so ist alles erklärt. Die Formen mit *â* wären dann sämtlich nicht umgelautet, die mit *ê* umgelautet, und die mit *æ* könnten für beides angesehen werden; in *dræden*, *ræden* hätte sich der Umlaut festgesetzt, vielleicht weil die Ähnlichkeit mit *lǽdan*, Pt. *lǽdde*, (mit berechtigtem *ǽ* = Uml. von ae. *â* = urg. *ai*) die umgelauteten Pers.-Formen unterstützte.

2. Die Serm. haben im Sg. stets *a*, welches nach Danker den ẹ̊-Laut bedeutet; doch ist vielleicht eher l a n g e s offenes *e* (oder *a*) zu lesen, da wie im Pt. *naam* Dehnung eingetreten sein mag. Im Pl. ist *waren* mehrmals neben *weren* und *speken* belegt. Falls *a* im Sg. für *ē* steht, dürfte man auch *waren* mit *ê* lesen. Aber man kann *wâren* auch, den Beispielen aus den Ev. entsprechend, einem ae. nicht umgelauteten **wâron* gleichsetzen. Dem Einwande, ae. *â* sei in den Serm. schon zu *ô* geworden (*aróós*, *hóót* „jubet"), kann man mit folgender Betrachtung begegnen. Ae. *â* = got. *ai* ist allerdings in den Serm. zu *ô* geworden; ich brauche aber nicht dieselbe Entwicklung für ae. **wâron* anzunehmen, in welchem *â* einem got. *ê* entspricht. Denn weil die Umlaute von got. *ai* und *ê* im AE. sich durch ihre Tonhöhe unterschieden, obgleich sie in der Schrift durch dasselbe Zeichen *ǽ* bezeichnet wurden, darum müssen auch die nicht umgelauteten Vokale verschieden gewesen sein; ich fasse daher ae. *â* = got. *ai* als tieferes, ae. *â* = got. *ê* als höheres *a*. Letzteres ist verhältnismässig selten im Englischen, da es meist durch *i*-Umlaut zu *ǽ* geworden ist, und

dieser Umstand macht die Untersuchung so schwierig. Beispiele stehen bei Sievers § 57, 2a, wo sie allerdings anders erklärt werden. Das tiefere *â* (in *hâtan* usf.) musste sich nun naturgemäss eher zu *ô* verdumpfen im ME. als das höhere *â* (in *slâpan*, *mâȝe* usf.), welches dem *ô* ja ferner stand; ähnlich wie die Entwicklungen des me. geschlossenen *ê* u. des me. offenen *ê* zu ne. *î* ein bis zwei Jhd. auseinander liegen. Schon Kluge hat ausgeführt, dass auch für höheres *â* im ME. Wandlung zu *ô* anzunehmen ist, dazu vergl. noch ne. *yore*, *tole* Shoreh. 36, *hor* Havel. 235., die Pt. Pl. in Gen. u. Ex. *woren* 347, *quođen* 2993, 3267, *gouen* 844, 2975, Opt. *goue* 3941 (eine Erklärung aus den PP. ist nicht möglich, da diese *queđen* 1496 *geuen* 801 lauten). Dass aber die Entwicklung des tieferen und des höheren *â* zu *ô* nicht gleichzeitig erfolgt ist, würde sich aus Denkmälern ergeben, welche noch *â* = got. *ê* neben *ô* = got. *ai* bewahren. AR. hat für ae. *ȝeâra* : *ȝeare* 298. *ȝare* 88, für den Plur. von *âwul* : *aules* 212,[1] aber nur *hôten wrôt* u. s. w. Wissmann, King, Horn 1876, S. 28 führt die Reime *slâpe* : *rape*, *onslâpe* : PP. *yshape*, *spâke* (Pt. Pl.) *take*, *tobrâke* : *gate* an. Ferner steht Hom. 2, 7 *slâpe*. 2, 21 *wâpman* (oder *wăpman?*), wogegen für got. *ai* : *ô* steht. Aȝ. hat nur den Pl. *yeave* (aws. *ȝeâfon*), der im Kent. sehr auffällig ist (Akent. *ȝêfun*); er wird aber verständlich, wenn wir ihn dem nicht umgelauteten ahd. *gâbun* gleichsetzen und wenn wir in dem akent. *ȝêfun* den verallgemeinerten Opt. mit Umlaut erblicken.

Wenn in den hier angeführten Beispielen wirklich westgerm. *â* erhalten ist, so darf auch *wâren* in den Serm. aus **wâron* erklärt werden. Wichtig ist noch, dass die späteren Denkmäler des Südostens (Chestre und Troye) oft die Form *wôre* im Reime haben, und diese muss man aus **wâron* : *wâren* erklären. — Ob man die nicht umgelauteten Pl.-Formen (vgl. Gen. u. Ex.) insgesamt dem Osten zuerkennen soll?

3. Laȝ. hat im Sg. neben *e*, *æ*, *ea*, *eæ*, oft *a* (einmal *hate* in B, „ass“, im Reim auf *sæt* „sass“); im Pl. steht *a*

[1] Vielleicht aber aus *ăwlas* entwickelt.

nur in *baren* B, *braken* A, *isaȝen* A, *waren* A, (letzteres von Callenberg S. 368 belegt). Die Erklärung aus dem Sg. wäre hier unbedenklich, da auch in den anderen Klassen manche Pl. mit dem Sg.-Ablaut vorkommen; wir haben es eben nicht mit einem rein südlichen Denkmal zu thun. Vielleicht ist *a* auch nur andere Schreibung für offenes *ê*, wie in der III. Klasse Pt. Sg. *flah*, *tah*, *bah*, *crap*, *ras*. Endlich kann man noch an die Entstehung aus höherem *â* denken.

Für das spätere Vorkommen eines *ā* im Pt. sind wir in der Lage, eine Erklärung als die einzig mögliche zu erweisen. Man darf einen Pl. wie *bāre* nicht aus *bǣron* erklären wollen, wie z. B. ten Brink,[1] Chaucers Sprache und Versk. § 49, (S. 38) thut, da sich in einer ganzen Reihe von Wörten mit ae. *ǣ* im ME. nie *â* findet. Nun hat man sich die Entstehung der *â* im Pt. auch so gedacht: aus dem me. Sg. *brac* etwa trat *ă* in den Plur. *brēken* über, man erhielt also *brăken* und durch Dehnung der offenen Silbe *brāken*; diese gedehnte Form wäre endlich auch für den Sg. massgebend geworden und man hatte *braak*. Abgesehen davon, dass eine solche Erklärung mit einem Übertreten aus dem Sg. in den Pl. zuerst, und dann wieder aus dem Pl. in den Sg. sehr umständlich und (auch aus anderen Gründen) sehr unwahrscheinlich ist, sprechen die Thatsachen dagegen. Indem ich diese anführe, wird sich das richtige ergeben.

1. Das erste südliche Denkmal, welches *ā* in grösserem Umfange zeigt, ist Fer. (nach 1375). Dort steht Sg. *rākę* r.[2] neben Pl. *rêke* r.; Sg. *spăk* r. *spākę* r. neben Pl. *spêke* r. *spākę* r.; *ȝăf* r. neben Pl. *geuen ȝauę; seet* r. neben Pl. *sēte* r.; Sg. *băddę* r. *gat. quaþ. shār* r. *bār* r. *totaar. bārę* r. *baar* r. *beer* r. *brekę*. (*e* im Ausl. ist stumm). Die Plurale mit *ē*. Man kann die häufigen singularischen *ā* nicht aus den seltenen pluralischen *ā* herleiten.

---

[1] Der Herr Verf. hat mich missverstanden. Es ist a. a. O. vom Subst. *bare*, *bere* aus ae. *bǣr* die Rede. Vgl. Ch's. Spr. § 49 Anm. 2 gegen Ende (S. 40), Engl. Stud. VII, 65 f. — Wie ich den Plur. *bāre(n)* erkläre, kann man u. a. aus Ch's. Spr. § 192 (Paradigma) ersehen. t. B.

[2] Ein solches r bedeutet „durch Reim gesichert", rr „durch Reime gesichert."

2. EE. bietet Sg. *brākę* r. Pl. *brekon*; Pl. *trêde* r.; Sg. *spākę* rr. *spake* einmal im Reim mit *ă*. *speke*. Pl. *speke*; Sg. *ȝaff*, *ȝaffę*, einmal *ȝaue*, Pl. *ȝeue*; Sg. *băddę* rr. *bêdę* rr, Pl. *bêde* rr., *badde* im Reim mit *ā* einmal; *sāttę* rr. *sete*, Pl. *seton setton*; Sg. nur *barę*, Pl. nur *beron*. Im Plur. also nie *ā*, im Sg. oft.

3. Bei Trev. giebt es eine ganze Reihe von Belegen mit *ā* im Sg. *gate, forȝate, saat* in *γ*, *bade, baar, bare, staal, schaar, laas* in *α*, *brake, spake* in *β* und *γ*, *trade* u. s. f., auch Schreibungen wie *bar*, *bad* können ebenso gut lang wie kurz gelesen werden. Daneben kommen auch Schreibungen vor, welche Züge des Vokals anzeigen: *gatt, satte* u. s. f. namentlich auf den Seiten VII 79—202 (vergl. die Vorbemerk. zu den Belegen). Der Ablaut *e* kommt im Sg. nie vor, ausgenommen natürlich *eet*, welches nie *a* hat weder im Sg. noch im Pl. Pt. (!) Der Pl. hat gewöhnlich *ê*; *â* ist sehr selten. Im Hauptms., in *α* und *γ* findet sich nur gelegentlich *bare* neben *bere* und einmal *frate*, *β* hat auch *sate* u. *brake* belegt. Wichtig ist, dass auch die Sg.-Formen *ȝaf*, *waf*, *gatt, gat, spak, bar*, *brak* für den Pl. gebraucht werden.

Man sieht, *ā* ist im Sg. heimisch und ist im Begriff (wie das kurze *a*) sich in die Stelle des pluralischen *ê* zu drängen, vgl. die übrigen Klassen. Die Erklärung kann also nur die sein, dass das *ă* des Sg. in Folge des vereinten Einflusses aller langen Formen des Zeitworts gedehnt wurde. Und somit haben wir dieselbe Erklärung hier wie oben für *sēt*, *bēr* und weiter unten für *naam, caam*, *sy*. Und die ne. Pt. *bade, ate, came, gave* u. ä. sind keine Pl.-Formen, sondern gelängte Sg.

Die *ā* kommen in rein südlichen Denkmälern nicht vor. In den Pt. von *ȝiefan*, *wefan, ȝietan*, *tredan* u. ä. ist die Dehnung seltener als bei den anderen Verben wegen der Neigung des Englischen zur Kürze vor *v*, *t*, *d*; um so häufiger jedoch vor *l* und *r*.

C. Der Ablaut *ă* im Pt. Sg.

Dieser findet sich in den Grenzgebieten zwischen Mittelland und Süden. Daher herrscht er in ON. Hs. C, L Jesu,

Marh 2; im übrigen ist das nötige schon oben erwähnt. Die Kürze wird öfters durch Doppelschreibung des folgenden Konsonanten ausgedrückt; nicht selten wird auch noch ein *e* angehängt (*badde, satte*), welches stumm ist.

Eine besondere Erörterung verlangt *wæs* u. *næs*. AR. und Kath. Hs. C schreiben ohne Ausnahme *was* und *nes;* man sollte *wēs* und *nēs* erwarten. Wir müssen *wăs* und *nĕs* lesen und auf folgende Weise erklären: Da die Wörtchen meist unbetont stehen,[1] wurden *wǣs* und *nǣs* nicht gedehnt. Dem kurzen *wǣs* entspricht nun in beiden Denkmälern regelrecht *wăs*, da jedes *wǣ* in AR. und Kath. C zu *wă* wird, siehe oben die Belege für *water*, *wattres*, und aus *nǣs* wurde richtig *nĕs*. *Nēs* u. *wās* darf man nicht lesen, da man dann auch statt *cweđ cwāđ* finden müsste.

Auch für Rob. möchte ich *wăs*, *nĕs* ansetzen. Er hat Reime von *wæs* mit *alas*, *trespas*, *Eneas*, *Thomas*, *cas* u. s. f. in grosser Menge; *næs* findet sich aber merkwürdigerweise nur im Reime mit *was* in zahllosen Beispielen und nur je einmal mit *Thomas* und *cas*, wo aber ohne Schaden für den Sinn sofort auch *was* gelesen werden kann. Entscheidend scheint mir zu sein, dass Robert ein *nēs*, *nās* oder *năs*, wenn sein Dialekt eine dieser Formen gehabt hätte, häufig im Reime gebraucht haben würde, denn es gab Reimwörter genug dafür, und er liebt es mit *næs* zu reimen: Für *nĕs* aber hatte er k e i n Reimwort. Um es aber dennoch gebrauchen zu können, erlaubte er sich die unzähligen Reime mit *wăs*, weil *wăs* und *nĕs* nach ihrer Bedeutung zusammen passen.

Wos, das sich einmal bei Rob. findet, ist entweder verschrieben (einziger Beleg!) oder wie *quŏth* durch Einfluss des *w* zu erklären; vergl. die ne. Aussprache.

Die Form *wēs*, welche Rob. AR. Kath. C nicht kennen, ist jedoch in anderen Denkmälern häufig. Reime in Misc. Chron. Sh. Fer. EE. Ch. Troie. Alle diese Denkmäler haben auch Reime mit *was*, sei es dass die Formen aus verschiedenen Dial. entnommen sind oder dass im selben Dial. Doppelformen durch die verschiedene Satzbetonung gebildet waren.

---

[1] Aus der Unbetontheit muss man auch das stimmhafte *s* im ne. *was* erklären.

Ausserdem ist aus der EE. noch die Form *wys* zu erwähnen, die sich mehrmals im Reime auf *ys*, *ywys* findet jedoch nie im Innern, was bedeutsam ist; denn man darf diese Reime, wie so viele andere im Gedicht, für ungenau halten und die Schreibung als dem Reimwort zu liebe gewählt ansehen.[1] Dieses letztere ist sicher für die Schreibungen *wesse*, *wace*. Auch die Form *wers* eal Sg. ist aus Reimnot gebraucht.

III. DER ABLAUT DES PP.

In Ia bis ins dritte Viertel des 14. Jhd. ausnahmslos *e*. In Ib *o*. Über die Dehnung sieh unterm Prs-Ablaut. Z. B. *ispeken* AR, Sh. r, Misc. r, Marh 3, Rob. r. *isteke* Trev. Ch. r. *itrede* AR, ON. r. Sh, Laȝ, Trev. *α β γ*. *awreke* Aȝ, Ch. r, Rob. r, ON. r, EE. r, *iweve* Trev. *iȝeue* Trev, EE, *ibede* Trev, *isete* Ch. r, Trev. u. s. f. u. s. f. Vom Ende des 14. Jhd. an beginnen jedoch Bildungen der PP. Ia mit *ō*, woran die Klassen Ib, III und Ic schuld sind, zuerst spärlich und dann immer allgemeiner. *Yspoke* geht allen voran und ist bald die einzige Form: Rob. im Versinnern (!), Trev, EE, Arth. r. Es folgen *ystoke* EE, Fer, *stoken* Trev. im 7. Bde.! *trode* Trev. Ms, *wouen* Trev. *β*, *iȝoue* Trev. mehrmals, wie es scheint auch in *γ*, in *β* steht jedoch *iȝeue*. Dass diese Part.-Bildungen mit *ō* auch in der Folge noch an Ausdehnung gewannen, dass sie im Süden noch allgemeiner wurden als im Schriftengl., zeigen die modernen südl. Dial., welche auch das Part. von *sittan* so bilden. — Über *gesoge* später.

Einzelheiten.

Biddan: Verwechslung mit *bēodan* von Anfang an im ME.; letzteres wird immer seltener. EE. auch in der Bed. „jubere". Laȝ. *bidde* u. *bedden* mit derselben Aussprache. *bide* Laȝ. könnte wie *heuen*, *lye*, *stepen* zu erklären sein. *bydde*, Pt. Sg., in EE. r, auch *byde* im Versinnern, *bedde* Laȝ.

---

[1] Das Neusüdenglische kennt die Form *wis*.

hl ichate für sw.-Bildungen. Vgl. Pt. Pl. *sitte* und *sette* Trev.

Cweđan: Der gramm. Wechsel wird im ME. aufgegeben, was durch die Schreibung *cweþen* Pt. Pl. in Lamb, Kath, Misc. sicher gestellt wird; Pt. Pl. *cweden*, neben *cweđen*, Jul. darf mit *đ* gelesen werden, da die Hss. vielfach *d* für *đ* und *đ* für *d* haben; auch der Reim *icwede : štede* ON. hat keine Beweiskraft, vgl. die Reime des Prs. mit *itrede* und des PP. *iworþe* mit *worde, borde.* Pt. Sg. *cwēd* AR., Lamb, Misc. alleinige Form. In anderen Denkmälern auch *quaþ, quad, quat.* (L Jesu), *quođ, quod.* Marh. gebraucht *quođ* nur in eingeschobenen Sätzen („sagte er“), sonst immer *cweđ.* Dieses *quođ*, welches auch sonst vorkommt, muss *quŏđ* gelesen werden; denn die Erklärung von *quod* als *quôd* aus dem Pl. **cwâdon*, welche Knigge, „Sprache des Dichters von Sir Gawain etc., Marburg 1885, S. 19, gegeben hat, kann man hier nicht brauchen, da Marh, Jul, Kath. für ae. *â* noch nicht *ō* haben. *Quŏđ* kann nicht anders als durch Einfluss des *w* aus *cwǣđ quăđ* erklärt werden, vergl. *wos, iwore, isworе*, Pt. *worþ.*-PP. *byqueþe* Trev.

Etan, *fretan.* Rob. reimt Pt. *êt, frêt, ête* nur mit geschlossenem *ê*, ebenso Beck. Da alle übrigen Pt. 1a, 1b, nur mit offenem *ē* reimen und Rob. nie diese beiden *ē* bindet, so haben wir in jenen Formen wohl Analogiebildungen zu den Pt. von *lêten, bêten* zu sehen, welche mit Recht geschl. *ê* haben. Dass *sitte* und *biȝite* sich nicht anschlossen, ist wegen der Prs.-Formen verständlich. Die Ev. haben *ǣt frœten.* PP. meist *yyete*, z. B. Rob. Sh. Ch. Aȝ. Fer. Von Zupitza, Guy 346 wie das deutsche *ge-g-essen* erklärt. Man findet auch *yete* geschrieben (Rob. L Jesu. EE. Trev.), das vielleicht *y-ete* zu lesen ist. Trev. *y yte* (einmal Sg., einmal Pl. Pt.). EE. ytte; das *y* kommt auch vielleicht von einem vorgesetzten *ȝe-* her. *frate* Pt. Pl. Trev. muss aus einem analogisch gebildeten Sg. *frat* erklärt werden, der gedehnt wurde; ebenso ne. *ate* aus *at* Gen. Ex. 337, 342, 3407. Keine Spuren von einer Kürzung im Inf. oder Pt., wie im ne. *frĕt, ĕat.*

Drepan: nur in Misc. belegt.

Leese Inf., *laas lase* Pt. Sg. Trev.

Metan: EE. r *methe* natürlich unrein. schw. Pt. *mette, metede* EE. PP. *imete* Ch r, Fer, Trev, Patrick (auch schw.).

þigge Lamb, Ev.

Recan. Pt. Sg. Laȝ B. Fer r. Pl. Fer r.

Swefan: me. durch das sw. ersetzt.

Sprecan: nur noch in den Ev. auch Formen mit *r*. Prs. *spake* geschrieben Trev. EE., hier auch in unreinem Reim mit *make*.

Sittan: Pt. Pl. *sitte sette* Trev. *setton* EE. halte ich für sw., *e* für *ie*. PP. *isete* oft, Ch r, Fer r, Trev.

Wefan: st. Formen bei Trev.

Weȝan: Pt. stark und sw. bei Laȝ. und Trev. PP. *yweye* Aȝ, UsW, Trev (in β sw.).

Wrecan: Prs. *wærken, wracke* Laȝ, *wreken* und *wrekie* AR. Pt. Pl. *wreken* Laȝ AB. PP. sieh oben.

Licȝean: me. im Süden *ligge*, noch in Arth. Das nicht südliche *lie* findet sich in Marh 3 r, Ch (neben *lygge*), EE im Reim, in allen Hss. von Trev., ausgenommen γ. Die Form ist gebildet wie *heuen*, durch Einfluss der 2. u. 3. Sg. Pt. *ly, lye*, rr EE.

Beran: Pt. Sg. einmal *bore* Trev., vielleicht nur beim Druck eingeschmuggelt; vgl. *bor* Gen. und Ex. 425. Es könnte, wie ne. *bore*, aus dem PP. erklärt werden; oder aus **bâron*?

Cwelan: Prs. Lamb, Misc r. Pt. *quêlen* Laȝ A.

Part. adwole ON r.

Stelan: PP. *stele* Laȝ B, irrtümlich? In den Ev. kommt Prs. *forstyle* vor, vgl. *towyrpe*, vielleicht durch Verallgemeinerung der umgelauteten Formen zu erklären, wie *schêden, scheken* u. s. f.

Helan: schon ae. daneben *helian*, das im ME die Oberhand gewinnt; st. Formen. Pt. Pl. *helen* PM r. PP. *iholen* AR. Kath. PM. Aȝ. r Ch. r Patr. — Sw. Formen: AR. Trev. Sh. Rob. u. s. f. Die Formen *hilen* (Laȝ. etc.) und *hulen* (AR) gehören zu got. *huljan*.

Totorren PP. Marh.

ȝiefan u. beȝietan: Zu letzterem kommt ae. das

Simplex nicht vor, ebenso wenig in Marh. Jul. Kath. AR. ON. Misc. Lamb. Aȝ. L Jesu, PM. Sh. Die auf ws. Gebiet für das ME. im Prs. u. PP. zu erwartenden Formen sind *ȝĭue, iȝĭue, beȝĭte, beȝĭte.* Diese Formen finden sich AR. rr Rob. (die Hss. oft *e*) r Beck. rr L Jesu. r Ch. Jul 2. Aus einer ae. Form *forȝytan* mit gesprochenem *y* stammen PP. *biȝute : wute (witan)* G Jesu. Inf. *forȝute* Trev γ. *forȝut* PM Hs. e, 25. Sehr oft findet sich im Süden *ȝēue, iȝēue, forȝēte* (ausserws. Formen): Lamb. Marh. Jul. Kath. (in Hss. B. R.) Aȝ (auch *yue*). rr Misc. rr Sh. r Troye, rr EE. Trev. H Leg. Marh 3. 2. Gerade so sind *ȝelde, ȝelpe* zu erklären. *Beȝete,* aber *ȝiue, iȝiue* heisst es in Kath. C, ON Hs. C.; es scheint also einen Dial. zu geben, der den Vok. zwischen *ȝ* und *t* anders als zwischen *ȝ* und *v* behandelt hat, man beachte, dass im Pt. wohl *ȝif*, *ȝifuen*, *gif*, *agyf* vorkommt aber nie ein *i* im Pt. von *beȝietan.*[1] Brate, PBb. 9, erklärt die Verschiedenheit, die auch bei Orrm besteht, indem er für *ȝiue* Verallgemeinerung des Vokals der 2. und 3. Sg. annimmt. Die Erklärung scheint bedenklich, da auch das PP. *ȝifenn, iȝiue* heisst. Es muss wohl auch ausserws. eine rein lautliche Entwicklung zu *ȝifen* möglich sein.. — PM. hat *ȝieue, forȝiete.* Das Prs. *yue* Aȝ. und das PP. *i-yue* Serm. sind durch Verschmelzung des Stammvokals mit dem palatalen Anlaut zu deuten, vgl. Zupitza, Guy 370. *Gif*, *giff*, *giffe* im 7. Bde. Trev. sind nördliche Formen. — Inf. *ȝeue*, aber Imperativ *ȝyf* Arth. Marh 2. — Pt. meist *ȝēt*, *ȝête*, *ȝēf*, *ȝêue.* Zwei sw. Pt.: *ȝefde* AR. *ȝeuede* r EE. *Agyf*, *agyfe* in den Ev., *gif* Sh., *ȝif* Fer. sind durch Wirkung des palat. Anlauts aus spätws. *ȝef* zu erklären; ähnlich Pl. Pt. *ȝifuen* Laȝ A. (oder Analogie nach Kl. II. *drĭfon?* Aȝ. *ȝeaf*, *ȝaf*, Pl. *ȝeaue;* im Ak. steht dagegen *ȝef*, *ȝêfun.* Die Pl.-Formen *ȝeoue(n)* Kath C. L Jesu sind wahrscheinlich *ȝêue* zu lesen (aus *ȝeâfon* sind sie nicht zu erklären, da in Kath. *â* noch nicht zu *ô* geworden ist); vgl. dagegen die Schreibung *cheose* PP. Der Pl. *youen* nur in Troye; vom nördl. Schreiber? PP. *iȝoue* Trev. (wahr-

---

[1] So heisst es z. B. auch in ndd. Mundarten (Hagen, Hamm) *gïewn gäf gïewn*, aber *fergïëtn fergāt fergïëtn.*

scheinlich auch in *γ*.); *igetten* Trev. VII (nördlich). Der regelmässige Anlaut ist ʒ; daneben findet man selten *g*: *forgif* AR. PP. *geuen* Lamb. *bigete* etc. Rob. Ein auffallender Unterschied wird in Trev. EE. Troye gemacht, wo ausnahmslos das Simplex *gete* (auch das PP. *igete*) mit *g*, die Komposita mit ʒ geschrieben werden (*ʒiue* u. *ʒeue* aber immer mit ʒ, *γ*); überhaupt sind die Formen **ʒete*, **ʒat* etc. dem Süden vollständig unbekannt (*yʒete* heisst vielmehr, „gegessen"); das Simplex *gete*, *igete* ist daher nicht im Süden aus den ae. allein üblichen Komp. gebildet, sondern aus der Fremde eingeführt. Ein Einfluss auf das ʒ der Komposita zeigt sich in der Hs. (!) Roberts: *bigete* usf. Arth. hat schon allein *bygat*, *bygete*, aber nur *ʒeuen*, *ʒaf*. — Prs. *gette* EE. braucht nicht kurz gelesen zu werden, vgl. *fette* (*fêt*), *knyffe*, *hedde* (*hêd*) u. s. w.

Sêon: In AR. u. den übrigen älteren Denkmälern fast nur in Kompos. Südwestlich *see* (vielfach *seon* geschr.), kentisch *yzy* Aʒ. (*ysep* ist unkentisch), *gesyo*, *gesyed* Ev., *isien* PM., *sy* durch Reime bei Sh. und Ch. gesichert. *Syʒe* EE. fehlerhaft oder bedeutet *sy*. Die Formen *sihst*, *sihđ* lange im Süden erhalten: Fer. *sysst* : *Crysst*. Inf. *isoen* : *boen* H Leg. *iso* Lamb. ON Hs. C. (*oe* und *o* steht in den Denkm. regelmässig für ae. *éo*). Inf. *isey* Rob., *seynne* : *aʒeine* EE. (wofür man *aʒee* lesen kann', aus ae. *onʒéan*, Sievers Pbb. 9, 222), *seyn* : *ysleyn* Arth. werden nur schlechte Schreibungen für *ee* sein; unmöglich wäre allerdings ein Eindringen der PP.-Form *yseye* nicht, vgl. *honge*, *fonge* etc. — PP. Trev. *β* einmal *seen*, aus dem Verbaladj. *ʒesíene*, *ʒesêne* oder gebildet nach dem Beispiel von *ben iben*, *don idon* etc. *Unisewenlich* Lamb. *gesewene* Ev. Luc. 9, 31 vom ae. Part. *ʒesewen*. *Gesogen* Ev. und *yzoge* Aʒ. können nicht vom aws. *ʒesâwen* abgeleitet werden, da die Ev. *â* noch erhalten haben; nur die Erklärung durch einen Übertritt in die III. Kl. ist möglich, der wegen der gleichlautenden Prs. *séon*, *fléon*, *téon* etc. erfolgte.

Für das Pt. Sg. sind im ME. drei Reihen von Formen anzusetzen:

1. Anglisches u. north. *sæh* (Sievers 391): *sahh* Orrm : *saugh* : *sau*, *saw* (wie *fæht* : *faught*, *hlæhhan* : *laugh*).

2. *seah* : *sĕh* = *sɛh* : *sɛih* : *sey*, *say* (wird nur in dem dial. der EE. und Troye zu *sy*, wo sich jedes ae. *eȝ*, *æȝ*, *ǣȝ*, zu *ī* entwickelt).

3) spätae. *sēh* (anfangs *sɛ'h*, dann mit geschlossenem *e'*) : *seih* (mit geschl. *e*) : **siih* : *sy* (wie *flēah* : *flɛ́h* : *fle'h* : *fleih* : *fligh* : *fly*).

Die erste Reihe ist dem Süden fremd; nur in späten Hss. finden wir *saw*, *sawe* (H Leg. Trev. Troye. Ch.), aber mit einer Ausnahme, Octavian, wo sie obendrein vom Herausgeber ergänzt ist, nie im Reime. Es ist klar, dass die Formen aus andern Dial. entnommen sind, aus dem Angl.

Die zweite Reihe wird den Dialekten ausserhalb des Angl. eigen sein, welche die Pt. Sg. *băr*, *spăk* u. s. f. hatten, ob diese nun später zu *baar*, *spāk* gedehnt wurden oder nicht. Chaucer gebraucht in den Cant. Tales *say* 13 mal, *sy* einmal, *saw* keinmal im Reim.

Die dritte Reihe, die hier zum ersten Mal aufgestellt ist, glaube ich für die südlichen Dialekte ansetzen zu müssen. In ihnen sind die Formen *sy* und Vorgänger die häufigsten: ich belege, EE. ausgeschlossen, 26 Reime für die *sy*- und 12 Reime für die *say*-Reihe.

Eine genauere Bestimmung des Gebietes der drei Formen *saw*, *say*, *sy* wird erst möglich sein, nachdem auch eine sorgfältige Untersuchung über den Ablaut im Mittelland und Norden vorgenommen ist. Der Verfasser gedenkt sich auch dieser Arbeit zu unterziehen. Die drei Formen werden in den Hss. meist mit einer erschreckenden Willkür durcheinander gebraucht, je später, desto mehr. Da die Erforschung der me. *ei* und *ī* noch nicht im reinen ist, so muss ich der Erläuterung meiner dritten Reihe eine lautliche Betrachtung vorausschicken.

Einige haben die ne. Formen *high, eye,* sowie die me. *hy*, *ye, nigh* u. ähnliche immer mit Hülfe des anglischen geschlossenen *ê* (statt ws. *êa*) erklären wollen, da *êa* + *h*, *ȝ*, wie man sagte, nur *ei* hätte ergeben können. Im Süden wäre dann also *êa* + *h*, *ȝ* mit *e*, *ea*, *æ* + *ȝ*, *h* zusammengefallen, denn hieraus wird *ei*, *ai*. Aber diese Erwartung wird vollständig durch die Thatsache getäuscht, dass der Süden eine ausnahmslose Scheidung macht zwischen den Gruppen.

a) *êah*, *êaȝ*, *êȝ*,

b) *eȝ*, *æȝ*, *ǣȝ*, altfrz. *ai*, *ei*.

Die beiden Gruppen sind in den Reimen durchaus getrennt; sie reimen nur unter sich, die Wörter von a) auch mit an. *dœyja* (*dye*), mnl. *broeye* (*breye*) und im späteren ME. mit *î*, *iȝ*, *êoȝ*, die schon frühme. zusammenfielen. Man darf sich nicht durch die Schreibungen irre machen lassen, da nicht bloss *ei*, *eȝ*, *eigh*, u. s. f. noch lange (und zwar überwiegend) geschrieben wird, nachdem schon der *ī*-Laut eingetreten ist, sondern sogar auch dieselben Zeichen für ursprüngliches *î* angewandt werden. Ich führe in meinen Listen 94 Reime an, zur Gruppe:

a) bei *flêah*, *stêah*, *wrêah*, *lêah*, *wrêah* etc. und dem Pt. Pl. von *sêon* = 50 Reime,

b) bei *læȝ*, *lǣȝon*, PP. *yleye*, *yseye* = 44 Reime.

Es scheint fast überflüssig, noch Beispiele hinzuzufügen: Fer. 1858 *hye : Normandye*. 622 *heȝ : bey (bî)*. 2254 *eye* (*êaȝe*) *: vylonge*. 3433 *ye : folye*. EE. 1806 *hyȝe : ladyȝe*. Beachtenswert sind auch die Schreibungen z. B. in Trev. *fligh*, *fliȝ*, *fly*, *lyȝ*, *styȝ* u s. f. Arthur: *fly : wysely*. Die Reime sind von erdrückender Häufigkeit und stehen auf jeder Seite eines jeden Textes. Ich kenne aus all den untersuchten Gedichten keinen Reim zwischen Gruppe a) u. b), ausser dem einzigen Sh. 67 *forleye : deye* (*mori*).[1]

Alle die Reime und Formen von der Gruppe a) für anglisch halten zu wollen, wäre doch allzu kühn und schon deshalb bedenklich, weil gerade mittelländische Denkmäler (z. B. Bokenham u Chaucer) auch diphthongische Reime haben!

Zudem sehen wir aus Sievers, Gramm. § 101, 2, dass im Spätws. *êa* vor *h*, *ȝ* zu *ê* wird. Wie es scheint hält man dieses *ê* allgemein bis jetzt für offenes *ê*. Aber man gab den offenen *ê*-Laut im Ws. ja durch *ǣ* wieder (*i*-Umlaut von wstg.

---

[1] Über die Form *deye* vgl. Chaucer's Sprache und Versk. S. 31. t. B.

â, got. *ê*). Das geschlossene *ê* (*i*-Umlaut von germ. *ô*) schrieb man *ê*; warum soll darnach nicht auch *hêh*, *êȝe* mit geschl. *ê* gelesen werden? Warum soll der Palatal das *éa* bloss zu offenem und nicht auch weiter zu geschlossenem *ê* erhöht haben? — Kurzum, der me. Süden verlangt *hêh*, *êȝe* u. s. f. mit geschl. *ê*; und ich muss die Entwicklung *éaȝe* : *ɛ́ȝe* : *éȝe* : *eiȝe* : **iiȝe* : *yȝe* : *ye* ansetzen.

Während die Verbindungen *éoȝ* (*íeȝ*), *îȝ*, *ĭȝ* schon frühme. zu *ī* geworden sind, folgt *éah*, *éaȝ*, *êȝ* also später nach. Und in einem Teile Englands entwickelt sich, wie ich hier hinzufügen muss, auch noch *ěȝ*, *ǣȝ* *ǽȝ* zu *ī*. Sarrazin will die Beweismittel zwar anders deuten (bei Besprechung von Horstmanns Editha-Ausgabe, Literaturblatt 1884) und Diphthongierung von *ī* zu *ei* annehmen, ebenso Heuser (in seiner Diss. über St. Editha etc.); ihre Ansicht dürfte jedoch nicht haltbar sein. Indem ich die in der Editha vorkommenden Reime dieser Art als bekannt voraussetze, führe ich noch an Misc. *awy* : *by* 19, 160. Lybeaus Disconus 1806 *aweye* : *trye* (Orrm *trigg*, an. *tryggr*) : *eye* (*éaȝe*) : *imagerye*. In Fer. *weȝ* : *Normandy* 3999. Zehn Reime führt Zietsch, Quelle u. Spr. der Seege of Troye S. 77 an. Darauf dass man *peyne* geschrieben findet (statt *î*), darf man nicht bauen, denn man findet doch häufiger noch *awy*, *lye* u. s. f.

Wenn nun auch in den frz. Wörtern *imagerye*, *Normandy*, *folye*, *priorie* u. s. f. allenfalls Diphthongierung eingetreten sein könnte, so zwingen uns doch Reime wie *awey* : *sory*, Troye 175 unbedingt, Monophthongierung des *ei* anzunehmen; das unbetonte Suffix -*ĭȝ* : *y̆* konnte doch keinen Diphth. ergeben. — Die Beispiele zeigen, dass *ī* sowohl für ws. *eȝ*, *ǽȝ* (= frühme. *ei*), als auch für ws. *æȝ* (= frühme. *ai*) steht. Da aber ein Übergang von *ai* zu *ī* unwahrscheinlich ist, werden wir die hier behandelten Formen wohl in einen Dialekt verweisen müssen, der für ws. *æ e* hatte, vielleicht in eine dem kentischen nahe Landschaft; alle die Gedichte mit *ī* = *eȝ* u. s. f. haben auch sichere kentische Reime.

Wir können uns jetzt der Erklärung des Pt. Sg. wieder zuwenden. Ten Brink, Chaucer's Sprache und Verskunst S. 31 meint, aus *seah* : *sěh* müsse in einem gewissen Dial.

durch Wirkung des Palatals *sěh* mit geschl. *e* und hieraus *sei*, *sy* geworden sein. Nur in dem Editha-Dialekt escheint diese Erklärung möglich, aber nicht auf dem grossen Gebiete des Südens, wo *sy* vorkommt.

Die Erklärung von *sy* aus dem Pl. *sie*, welcher von dem anglisch-kentischen *sêʒon* komme, scheint deshalb bedenklich, weil *sy* im Süden häufiger ist, als im Anglischen und weil überhaupt ein Eindringen aus dem Pl. in den Sg. Pt. unwahrschninlich ist. Wir werden vielmehr umgekehrt weiter unten den südwestlichen Pl. *sie* (u. Vorgänger) aus dem Sg. ableiten, gerade wie den kentischen Plural *laie*, *leie*.

Da wir gesehen haben, dass im Süden *flěah*, *flêh* zu *fly* wird, so haben wir *sy* erklärt, wenn wir die Berechtigung der oben angesetzten Vorstufe *sɛ̄h* begründen können. Dies ist nun gerade die Form, welche wir für den Süden erwarten sollten: wie die übrigen Pt. Sg. der Ia und Ib Klasse durch Dehnung langen Vokal bekommen haben (*sæ̆t*, *brēc*), so ist auch *seah*, später *sěh* (Sievers § 101, 2) zu *sēh* geworden. Unterstützend mag bei dieser Dehnung die Ähnlichkeit mit *flěon* (*flêh*, Pt. Sievers 101, 2), *wrěon* (*wrêh*), *těon* (*têh*) mitgewirkt haben. Dass *sěon* sich durch diese Verben hat beeinflussen lassen, zeigt das kentische PP. *yzoʒe* Aʒ. (sieh oben); auch Gen. u. Ex. 2785 hat *sogen : drogen* (PP. zu *drěoʒan*). Auf Dehnung weist ferner Laʒamon's Form *seeh* hin, sowie die durchgehende Übereinstimmung in allen südl. Denkm. mit der Entwicklung von *stěah*, *flěah* u. s. f.

1. Die Form *iseh* Lamb. stimmt zu *fleh*, *abeh*, *asteh*; *ĕah* lebt dagegen in *naht*, *feiht* (*feaht*).

2. A·R. hat *iseih*, *fleih*, *beih*, *dreih* u. s. f.; doch hätte *iseih* auch neben *eihteoða* 18, *meiht* (2. Sg. *meaht* 390, 8. 408, 28. *meihte* (*meahte*) 294 nichts auffälliges.

3. Kath. Jul. Marh. stets *seh*, aber *maht* Kath. 768. 2274. Marh. 40a 8. Jul. 12, 2 RB. 26, 8 RB. *mahte* Jul. 46, 72. *eahte* B *ahte* R 60. *faht* Marh. 55b 16. 37b 15. *mahte* (Subst.) Marh. 7. *Seh* muss daher zu *bêh*, *stêh*, *dêh* (*děah*) Jul. 51, 19, 76, Marh. 37b 4. *flêh* u. s. f. gestellt werden.

4. Alle Schreibungen bei Laʒ. für das Pt. Sg. von *sěon* finden sich auch im Pt. Sg. der III. Klasse wieder.

5. Misc. *iseyh. asteyh; : neyh* (*nêah*)
6. Marh. 2. *iseȝ : heȝ, fleȝ.*
7. Rob. *isey : hey, stey : hey.* u. s. f.
8. Marh. 3. *sei, flei.*
9. Sh. *seȝ : hyȝ, byfleȝ : leȝ* (pt. von *lêoȝan*). u. s. f.
10. Troye. *sei : hye, fleih : hye.*
11. Trev. *sigh, siȝ; stigh, fliȝ, fly.* etc.

Die im Süden daneben nicht seltenen Reime für *sey, say* stammen also aus Dialekten, welche *sêh* nicht dehnten. *Say* scheint nicht kentisch zu sein, wie wir nicht anders erwarten; wenigstens kommt es bei Sh. nicht vor im Reime oder Versinnern, auch nicht in Serm. PM. Aȝ. Ich belege 8 Reime für *sy*, nur zwei für *say* aus Ch. und Troye. *Gesah* in den Ev. stammt daher aus einer anderen Gegend (wie auch der Pl. *gesawan, gesœwe*).

Für den Plur. sollten wir in Kent. *sie, lie* (ak. *sêȝon lêȝon*) erwarten, im übrigen Teile des Südens *leie* und *seie.* (aws. *sâwon* beginnt schon in späterer Zeit einem *sǣȝon* zu weichen; me. *sâwon* sicher nur noch in den Ev.; vgl. was unten unter *soȝ* gesagt ist). Jedoch finden wir im ganzen Süden ausnahmslos *iseȝe, yseye, seiȝe, sye* im Reim mit Gruppe a) und *êoȝ, iȝ, îȝ, ī*, nie mit dem Diphth. *ei, ai* (Gruppe b); im ganzen habe ich 39 Reime belegt aus ON. Misc. H Leg. Wright. L Jesu. Rob. G Jesu. Beck. Marh 2. EE. Fer. Trev. Sh. Ch. Troye. PM. Umgekehrt begegnet nur diphthongisches *leie laye* (6 Reime: ON. Rob. Sh. Ch.), sogar in Kent (3 Reime). Nur in der EE. heisst es *lye* und auch der Sg. *ly.* Da aus *sǣȝon* nicht *sie* werden kann, denn *ǣȝ* giebt *ei* in ganz England ausser im Editha-Dial. (vgl. *clǣȝ, cǣȝ, ȝrǣȝ, ǣȝ*), so müssen wir uns für das südwestliche *sie*, wie für das südöstliche *leie* nach einer anderen Erklärung umsehen. Man könnte an ein Eindringen der Form *sêȝon* mit geschl. *ê* aus dem Anglischen in den Südwesten denken; ähnliches hat in der That z. B. bei *drihten, king, fauȝt* (aus *fœht*), *hōlden* (kann nur von *hālden* kommen) statt gefunden. Dann müsste man aber auch für das kent. *leie, laie,* eine solche Entlehnung aus fremdem Dial. annehmen, und hier umgekehrt aus dem Südwesten, wo *lǣȝon* galt.

Aber es ist eine, scheint mir, bessere Erklärung möglich, die obendrein für *sie* und *leie* genau die gleiche ist. Im Südwesten, wo der Sg. Pt. *sēh* die Entwicklung zu *seih: *siih, sigh : sy* durchlief, konnten die Plur. *sǣȝon : sε'ȝen : sε'ien* den offenen *e*-Laut neben dem geschl. des Sg. nicht bewahren; aus *seih sεien* machte man *seih seien* (beide mit geschl. *e*). Alle anderen Verben von Ia und Ib und die der V. hatten ja gleichen Vokal im Sg. u. Pl. *Seien* entwickelte sich mit *seih* nun weiter zu *sie.* Gerade so ging es im Kentischen mit dem Pl. *lêȝon*; *leien* erfuhr die geringe Angleichung an den Sg. *lεi.* so dass wir *lεie*, *laye* erhalten. Darum sind im g a n z e n Süden die Formen *seie leie* so ausnahmslos in den Reimen geschieden; und vielfach auch in der Schreibung, besonders nachdem *εi* zu *ai* geworden (vgl. Rob.). Ein Plur. *say* findet sich erst, nachdem in der ganzen Konjug. der Sg.-Ablaut auf den Pl. Pt. ausgedehnt ist (z. B Arth.). — Für die PP. *yseie, yleye* besteht ein Unterschied in den Reimen nicht (10 diphthongische Reime sind belegt).

Den Sg. Pt. *soȝ* Fer. will Carstens von dem Pl. *sâwon* ableiten. Destr. of Troye findet sich ein 2. Beleg: *sogh* 739. Ein Pl. *sowen* steht Havel 957. *sogen* Gen. u. Ex. 3522, *sowen* 3108. PP. *sogen* 2785 (: *drȫgen*). Da sich diese Pl. u. PP.-Formen auf ausserws. Gebiet finden, können wir sie nicht von den nur ws. *sâwon, ȝesâwen* ableiten; sie sind vielmehr wie das kent. *gesoge* Analogiebildungen zu *flêon* etc. (vgl. Pt. Pl. *đogen* G. u. Ex. 2542). Doch mögen *soȝ, sowen* wohl nach *slen sloȝ slowen islein* gebildet sein. Trev. enthält die beiden Pt.-Formen *seiþ* und *sight.* Erstere zeigt nur irrtümliche Vertauschung des *h* (damals sicher schwach gesprochen) mit *þ*; über letztere s. später.

C u m a n u. n i m a n: frühme. wird *cumen, icumen, inumen* geschr., aber bald beginnt die später allgem. Schreibung mit *o*, welches die in der Richtung auf den ne. Laut hin veränderte Aussprache bezeichnet; zahlreiche Reime. Die Reime von *come, icome* in EE. Arth. Troxe Rob. mit offenem oder geschl. *ô* sind wohl nur fürs Auge; auch die Schreibungen *coom* Arthur, *coomyth* Pol., Relig. and Love Poems (ed. Furnivall) Horse, Sheep. a. Gosse 70 mögen kaum auf langen,

Vokal zu deuten sein. Doch ist es nicht ganz ausgeschlossen an das neusüdengl. *kaum* zu denken. Die Formen *kimest* und *kimđ* erklärt Cohn für Anlehnungen an *nimen*. Aber da es doch sehr bemerkenswert ist, dass alle 10 bis jetzt belegten Formen mit *i* (Jul. Kath. AR. Lamb. OE Homilies) 2. oder 3. Sg. Präs. Ind. sind, wird man die Wirkung des Umlauts in dem *i* nicht verkennen können. Vielleicht allerdings hat *nimst, nimđ* die Formen *cymst : cümst* etc. zu *kimst* gemacht; oder ist schon das *i* die (im äussersten Südwesten regelrechte) Vertretung des ws. *y?* Man dürfte überdies bedenken, dass manches *cumen* in AR. Lamb. Jul. Kath. Marh. etc. auch wohl *cümen* gelesen werden könnte (aus *cyman* entstanden).

In den meisten südl. Texten gilt *nimen*. Kath RB. Jul. Marh. wechseln jedoch streng zwischen *eo* u. *i* in den Prs.-Formen, je nachdem *u, o* oder *i* im Germ. in der Endung stand. Inf. *neomen*, Imp. *nim*, Konj. *binime* R (B hat die Analogieform *bineome*), Hs. C aber hat überall *i*, wie das WS. Anch Lamb. hat *neomen* und conj. sing. *undernim : him*; Marh. 3 *neme* rr. imp. *nym*. Die Schreibung *e* in *neme* Serm. Aȝ. Sh. Trev. UsW. kann jedoch auch für ĭ stehen, zumal wenn daneben *nymen* geschr. wird. Eine Anlehnung an *cumen* wegen der Übereinstimmung aller übrigen Formen zeigt das Prs. in Lamb. (*numen*) u. Sh. (*nome* in 5 Reimen mit dem Prs. u. PP. von *comen*); der Imp. heisst jedoch *nym* bei Sh. (*: hym*). *Nimen* ist frühme. häufig und beliebter als das neue *taken*; später räumt es diesem das Feld: bei Trev. EE. ist es schon sehr selten; in Troye haben die Schreiber es sehr oft durch *take* ersetzt, so dass oft genug der Reim gestört ist.

Neben dem PP. *ȝenumen* haben die Ev. auch *genymen* mit Umlaut oder mit dem Vokal des Prs.

Pt. Sievers, Gramm. § 390 Anm. 2, setzt für das AE. nur *nôm, côm* an, diese sind (unter Mitwirkung der Pt. der IV. Klasse (*fôr fôron, stôd* usf.) bekanntlich aus den Pl. *nômen cômen* zu erklären. Aber daraus, dass *nom*, *com* häufig mit Accent geschrieben werden, darf man doch nicht schliessen, dass nur *nôm, côm* bestanden habe; vielmehr muss auch *nŏm*, *cǫm* weiter gelebt haben, da sonst das spätae. *nam* und das me. *cam* nicht zu verstehen wäre: Das frühere *nŏm* ist später *nam*, etwa wie frühws. *ond* später *and* geschr. wird. — Lamb, Marh, Jul, Kath (s. R, B), AR, Sh, ON, Rob rr, Marh 2 rr, Aȝ, EE, Arth, Misc, Chron, HLeg, haben nur *nom*, *nomen*, *com*, *comen*, die vorwiegenden Formen des Südens. Meist lässt sich nicht entscheiden, ob der Sg. mit *ô* oder *ŏ* zu lesen ist, da die grosse Mehrzahl der südl. Hss. *o* für *ŏ* + Nasal hat. Aber für Rob. Marh 2. Aȝ. gilt sicher *côm, nôm* (geschl. *ô*). Chron. Misc. HLeg. Troye. Sh. Ch. LJesu. EE. haben Reime für für *nŏm cŏm nôm côm*. Die Pl. *come*, *nome* reimen nur mit geschl. *ô* (ON. LJesu. Misc. Rob. Ch. Aoth.). *Nam*, *cam* Pl. *nômen*, *cômen* in GJesu Hs. E, LJesu (rr mit *cristinedom*). *Nam* aber *com* (vgl. Orrms *comm*, *namm*) in Kath. C, PM, Laȝ (hier aber auch *nom nœm* daneben) wegen des früher in *com* stehenden *w*. Die Ev. haben *nam nâmœn* (auch *nœmen*, Schreibung *œ* für *â* wie in *geswœc*?), aber *com comen*, gerade wie das Spätws. die Serm. *naam*, *kam* (also wohl *kām*), *nomen comen*, die Hs. von Sh. im Sg. einmal *came* (also *cām*), Plur. nur *come*, Trev *γ* *caam, nāme*, *cāme*, *nam*, *cam*, *cōme*, *com*, Plur. nur *côme*. *Caam*, *naam* neben dem ausschliesslichen Pl. *cômen nômen* in Serm. Trev *γ*. (Sh.) lassen nur die Erklärung zu, dass die Sg. *căm*, *năm* gedehnt seien (s. oben die Erkl. für *baar*, *staal*). Den spätws. Plur. *nâmon* erklärt Kluge, Anglia V, 82 durch Anlehnung an *beran*, Pt. Pl. **bâron* (ohne Umlaut); aber die Verben haben doch gar keine Berührungspunkte: Es heisst *beran niman*, *bær (bǣr) nam*, *boren numen*. Auf vorae. **nam *bar* kann man nicht fussen, da *nâmon* erst spätws. ist. Vielmehr wird auch ae. schon *nām* im Sg. bestanden haben, gerade wie *sēh* und *bǣr*, und dessen *ā* auf den Pl. ausgedehnt worden sein, weil der Ablaut *nâm nômen* einzig dastand. Auch die Form *nam* in den Ev. lese ich dann mit *ā*. Da es noch so lange *com* neben *nam nām* heisst, werden wir *cam caam* als Angleichungen auffassen müssen. Die Pt. Pl. *cam* Trev. (einmal), *came* EE (einmal) und das ne. Pt. *came* stammen also aus dem Sg. — Marh 3 hat einmal Pt. Pl. *cunnen* im Ms.; der Herausgeber druckt dafür *cumen* (vgl. *cumen* G. u.

Ex. 1065). Die Form dürfte als Anlehnung an *swom swummen iswummen* aufgefasst werden können. — Im Pt. Sg. *come* (3. pers.) AR. ist *e* zu streichen, oder sollte es aufzufassen sein wie das hd. *sahe* (vidit)? Vgl. auch das Pt. Sg. *bede* Laȝ AB. *bigonne* (incepit) Jul. und *swâke* Laȝ A.

Ausserdem besteht im ME. noch der höchst merkwürdige Ablaut *ē* im Pt. bei diesen beiden Verben. Die Belege sind *keem* Ch rr. Fer r (die rr. mit off. *ê*), *kemen* Fer. (die Form beruht nicht auf Irrtum; denn die Hs. ist vom Verfasser selbst, und man sieht, die Schreibung mit *k* ist wegen des *e* gewählt), *næm* Laȝ A (wird aber vielleicht *nam* oder *nām* bedeuten), *nemen* Laȝ B (mehrmals), Havel. Horn (s. Stratmann), *neome* Kath C *næmen* Ev. (bedeutet aber vielleicht *nāmen*). Es scheint mir unwahrscheinlich, dass man zu *nam*, *cam* durch Anlehnung an *băr*, *bēren* zuerst ein *nēmen*, *kēmen* gebildet habe und dann in Anlehnung dieser beiden Formen an *bēren* und *beer* den Sg. *keem*. Denn nach dieser Erklärung müsste die Form *kēmen*, nachdem sie in einem Dialekt mit *bar bēren* gebildet war, in einen anderen Dialekt übergetreten sein, der *beer bēren* besass, da *bar* und *beer* dialektisch geschieden sind und nicht zeitlich. Ein einfaches Eindringen des plur. *kēmen* in den Sg. innerhalb der Dial. mit *bar* aber, o h n e die Hülfe anderer Verben (und es können nur 1 a und 1 b in Betracht kommen) scheint mir bei dem entgegengesetzten Streben der englischen Sprache nicht annehmbar. — Vielleicht dürfen wir aber in *keem*, *kêmen*, *nêmen* geschlossenes *ê* ansetzen und die Reime im Fer. und Ch. für unrein erklären: Wie *bǣron*, *sǣton* usf. den umgelauteten Vokal des Opt. enthalten sollen, so könnte auch in einer Gegend Englands bei *niman*, *cuman* der Opt.-Vokal durchgedrungen sein, wodurch wir ae. **nêmen*, **cêmon* ansetzen dürften. Aus diesem Plur. wäre dann durch Anlehnung an *hêt hêton*, *slêp slêpon* usf. auch der sg. *keem* gefolgert. Vielleicht aber ist ae. auch **cǣmon*, **nǣmon* möglich, wie es *benǣman*, *nīednǣme* giebt (Sievers § 68 Anm. 1) mit einem noch rätselhaften *ǣ*. Hierzu konnte in Dialekten mit *bǣr*, *bǣron* (Ch. u. Fer.) ein sg. *keem* mit offenem *ē* gebildet werden.

Der Ablaut in Ic.

A. Verba auf Nasal + Kons.

1. *Prs.* me. *i;* vor *nd*, *ng*, *mb* tritt Dehnung zu *ī* ein, doch nicht in allen Gegenden; geschrieben *i*, *y*, selten auch *e*: *sprenge* (also kurz *i*!), *swemme*, *(swenche?)*, *clembe* (kurz *i*!) *bygenne* Laȝ, letzteres auch Sh. Auch *feynde* findet sich EE, wo *ey* langes *i* bezeichnet.

2. *Pt. Sg.:* in Serm. Laȝ A. AR. Jul. Marh. Kath. ON. Misc. Marh 3. EE nur *o.* Laȝ B. Sh. Lamb. Ch. Marh 2. HLeg. Trev. *o* und *a.* PM. Ev. Aȝ. nur *a.* Rob. und LJesu haben *ă* vor *mm*, *nn*, *o* vor *n*, *m* + Kons. Dehnung vor *nd*, *ng*, *mb*.

3. *Pt. Pl. und PP.* Anfangs *ŭ*, später *ŏ*, d. h. der nach dem ne. *o* in *come* hin veränderte Laut. Dehnung vor *nd*, *ng*, *mb* : *ū*; später *ou*, seltener *o* geschrieben. Die Reime der PP. und Pt. Pl. mit offenem *ǒ* in EE. Troye sind Augenreime. Die Übertritte zwischen Pt. Sg., Pt. Pl. und PP. sind später im Zusammenhang behandelt.

Einzelheiten.

Findan. Wie schon ae. auch im ME. (Laȝ. Troye. L Jesu. Jul. Misc. r Rob. r PM. EE. und Ev.) im Pt. Sg. die schwache Form *funde* genau so entstanden wie das nhd. „*wurde*“; dazu 2. Sg. *fundest* Jul. Daneben die regelrechten Formen:

Climban. Oft ohne *b*: *climme* r Ch. *clam* Rob. Pt. Pl. einmal *clommeþ* Rob. (die Endung!). Vollständig belegt AR. Sw. Formen Laȝ B: *clemde*, *iclemde*.

Drincan. Trev. *dryncheþ* (ertrinkt) 119, 3 gehört zum swv. *drenchen*. *drunggeþ* 161, 1 *α*.

Ginnen. Auch frühme. nur im Komp. (AR. Marh. Jul. Kath. Lamb. Aȝ. etc.). Prs. *gunne* Laȝ A, Pt. *bigen* Kath C, Pt. Pl. *goune* Rob. sind Schreibfehler, auch *bigonne* Jul. vielleicht; Einenkel, Über Verfasser einiger neuags. Schriften, S. 34 Anm. will dies in *bigon* ändern. Es könnte auch analogisch *e* angehängt sein, durch Einfluss des Pl. und der sw. Pt. (*lǣdan*, *lǣdde* etc.), vgl. oben *come* AR. Das *g* im Prs. statt ʒ ist durch das Übergewicht der andern Zeiten veranlasst, wo es mit Recht steht.

Limpan. Prs. *ilumppe* Laʒ A wohl Schreibfehler; vermutlich auch PP. *ilimpen.* sw. PP. *ilimped* Laʒ.

Sprinʒan. PP. *bysprongе* in trans. Bedeutung („besprengt“) Trev. zweimal.

Stinʒan: gelegentlich mit *k* geschrieben, wie umgekehrt *stincan* mit *g*.

PP. *ipungen* Lamb. *ofþrungen* Ev.

Scrinkin Inf. mit sw. Endung Laʒ. In den Ev. alle Formen stark.

Beornan. Nur in Laʒ A noch stark. Sonst mit dem trans. *bærnan* zusammen gefallen: Marh. Kath. Jul. AR. etc. 3. Sg. *birneð* Lamb. *byrnende* Ev. mit Umlaut? PP. *forberne* AR 244, 6 ist wohl irrtümlich. Die Formen *brennen*, *brende* in dialektisch gemischten Hss. (Trev. Ch. Dunst. PM. EE.); wegen des *nn* aus dem an. *brenna* zu erklären.

Iernan, mit Umlaut: aus der 2. und 3. Sg. durchgedrungen? Aus ae. *yrnan* (mit der Ausspr. *ü*) stammt *urnen* Rob. r ON. Laʒ. Trev., aus *irnan* kommt *irne* Laʒ. Die Form *eornen* ohne Umlaut steht AR. Jul. Kath. Ev. Trev., *erne* rr Ch. r Troye. Trev. *yerne* Aʒ. Ch., Pt. *yarn* Aʒ., Pl. *yourne* Aʒ. *ʒorne* Ch. wohl aus *ʒe-ernan* (kentisch *e* für ws. *ie*, *y*) auch Trev. einmal *ʒerneþ*. *orneþ* Sh. wie *worþe* vermutlich durch Einfluss der *r*-Verbindung, Pt. Sg. *orn* AR. Rob. L Jesu. Marh 2. Fer. HLeg. *arn* Ev. r Sh. Fer. *earn* Ev. pt. pl. *urnen* Lamb. Ev. AR. Jul. Laʒ. *ourne* (mit Dehnung) Rob. Patr. Beck. Laʒ B. *orne* Patr. Beck. Rob. r Sh. *yrne* Marh 2. Vom an. *renna*, mnl. *rinnen*, ae. *rinnan* (gerinnen, rinnen): Prs. *rinnen* Kath. Troye. *renne* r Marh 3. Ch. Trev. Fer. Pt. Sg. *ron* Kath. r Misc. Marh 3. *ran* Trev. r EE. r Ch. Fer. Pl. *runnen* Misc. r Fer. *ronne* Ch. *roune* Rob. Ch. PP. *yronne* (:*þenne* „tunc“), *yron*, *yrenne* EE. (Man wird wohl *þonne*, *yronne* lesen müssen.) sw. Formen: *arnde* Rob. *runde* Laʒ A.

B. Verba auf *l* + Kons.

1. *Prs.* Hauptablaut *ĕ*: *ʒiellan*, *ʒieldan*, *ʒielpan*, *sciellan* sollten auf ws. Gebiet me. *i* haben, vgl. *ʒiue*, *biʒite*; man

findet *ȝilde* Trev. *ȝilpe* Fer. *schillinde* Marh. Auch Formen mit *ü* sind möglich: *zulen* ON. *gullen* Laȝ A. *ȝulpynge* Rob. *ȝulde* Laȝ. Beck. Trev γ (könnte hier auch für *ȝeelde* stehen). Meist findet man das angl.-kentische *e*: *ȝellen* Aȝ. Marh. Kath. Laȝ. Trev. *ȝelpen* ON. Aȝ. LJesu. r EE. *ȝelden* Marh. Jul. Kath. Laȝ. Trev. (auch *ȝeelde*). *ȝollen* ON. Trev γ mag ein anderes Verb sein. Das ȝ ist in allen diesen Verben durch alle Zeiten durchgeführt. Ausnahmen: Pers. *gullen* Laȝ A. (fehlerhaft), Pt. Pl. *gullen* Laȝ A, PP. *unforgolden* Lamb. *unforgulde* PM. Hs. J. 59.

2. Pt. Sg. Vor *ll* stets *a*: *swal* ON. Misc. Trev. *ȝal* ON. Rob. Dunst. Vor *l* mit anderen Kons. *e*, *ea*, *æ*, *a*, letzteres später immer häufiger: *help* Lamb. AR. Laȝ. Misc. Rob. Trev. *halp* Laȝ. EE. Trev. Fer. Ch. *abelh* Lamb. *bælh balh* Laȝ. *forswealh* Lamb. *uorswalȝ* Aȝ. Kath. Marh. Marh 2. *dalf* Rob. Sh. Ev. *dealf dælf* Ev. *ȝealp* Laȝ. *ȝeld* Misc. *ȝalp* Laȝ. Aȝ. LJesu, *malt* Ch. *ȝeald* Kath. *ȝeld* Chron. Marh 3. Rob. Trev. rCh. *ȝald* Trev. *ȝold(e)* Rob. EE. (aus ae. *ȝāld* zu erklären, wie *hālden*, *hōlde* giebt; die übrigen Formen aus *ȝeald*, *ȝăld*; auch *ȝeld* : *ȝeeld* ist möglich) *ȝuld* Trev γ (steht für *ȝeeld*), *swælt* Laȝ.

3. Pt. Pl. *u*, später *o* geschr.: vor *ld* (vielleicht nicht in allen Gegenden) Dehnung. Über das Eindringen des PP. oder Pt. Sg. später. *gebulge* Ev. *dulue dolue* Aȝ. Marh 2. Laȝ. Rob. *ȝolle* Patrick (öfters). Laȝ B. *gullen* Laȝ A. (*ȝelle* Laȝ B.) *holpen* Laȝ. LJesu. Rob. EE. *heolpen* Laȝ. *hulpen* AR. *ȝulde ȝolde* AR. Kath. Fer. Misc.

4. PP. offenes *ŏ* oder *ō*: *yholpe* Rob. Trev. *toswollen* Laz. AR. ON. Trev. *uorswolhen* Marh. ON. Aȝ. *ȝolde* PM. *idolue* Aȝ. Laȝ. *ibolwe* rON. r.Sh. *tobollen* AR.

Weitere Einzelheiten.

Prs. *tilden* Lamb. (*i* durch Einfluss der *l*-Verbindung? vgl. ne. *kill*, *milk*, *silk*, *silver* oder durch Ausdehnung des in der 2. und 3. Sg. Prs. Ind. berechtigten Umlauts auf das ganze Prs., vgl. *scheden* etc.), vielleicht ist aus dem sw. Pt. *tilde* das Prs. *tillen* AR 334. Laȝ 27852 gefolgert. PP. *itælded* Laȝ.

PP. *byswulte* : *byhulte* (*beheold*) EE.

Inf. *helpy* : *abbay* EE. vgl. Herrig Archiv 57, 346. Inf. *halpe* Laȝ. (*a* für *e*).

Melten Aȝ. Inf. *imulten* Misc. (*u* durch die tiefe Klangfarbe des *l* hervorger. vgl. das Neusüdengl.). sw. Pt. Pl. *melten* AR (intr.).

Uorzuelȝe Aȝ. Trev.; in Aȝ. alle Tempora stark belegt. Daneben steht im ME. *forswòlȝen*, wofür ae. **swolȝian* anzusetzen ist (*swolȝettan* ist belegt). PP. *isweluet* Trev.

Pt. Pl. *ȝelde* Rob. (fehlerhaft), *ȝilde* Trev. (sw.?) PP. *yȝoulde yȝolde* UsW. *ȝulde* Trev *y* (einmal) vielleicht schwach und *ȝeeld* zu lesen); *yold* Troye *unforgulde* PM. Hs. J. 59 (mit Vok. des Pt. Pl.?) *unforgolde* Lamb. *ȝolde* PM.

PP. *bifolen* Lamb., nach 1 b, schon ae.

C. Verba auf *r* + Kons.

1. Prs. Reiner Ablaut *ĕ*: *berȝe* Aȝ. *berke* Aȝ. Laȝ. Trev. AR. *sterue* Lamb. Aȝ. *deruen* Marh 2. *bersten* AR. rON. Marh 3. *smerte* Misc. rTroye. *kerue* Trev. *werpen* Ev. Lamb. ON. Laȝ. *swœrke* Laȝ A. *hwœruen* Laȝ A. In frühme. Denkm. wird auch noch *eo* geschr. *smeorten* AR. rrMisc. *steorue* AR. Marh. *weorđen* Ev. *weorpen* Ev. Jul. Kath C. AR. *keorve* AR. Jul. Durch Einfluss von vorangehendem Lippenlaut und folgender *r*-Verbindung entsteht *u* (vgl. ne. *burn*, *burst*, welche nicht etwa den Vokal des Pt. Pl. *burnon*, *burston* bewahren; denn diese Formen, namentlich die erste, sterben ja früh aus). Das *u* ist nicht durch Verallgemeinerung des *y* der 2., 3. Sg. zu erklären (ae. *wyrpđ* etc.), *wurpen* Ev. *wurđen* AR. Lamb. Jul. Marh. Laȝ A. Ev. ON. Misc. *aburhȝen* Laȝ. *burhen* Jul. Das *u* in *spurnan* und *murnan* hat mit diesem *u* jedoch nichts zu thun; die beiden Verben haben vielmehr bekanntlich ein altes *u*, das sich wie das *u* in den Pt. Pl. und PP. *spunnon*, *bundon*, *ȝebunden*, *hulpon* usf. in der Stammsilbe gebildet hat, weil die Endung betont war. Das *u* in *ȝuren* Kath. Jul. stammt aus ae. *ie*, *y* (gesprochen *ü*), s. Sievers, Gramm. § 388. *Wurđen* wird später *worþe* geschr. mit derselben oder nach dem ne. Laut hin veränderter Aussprache: Trev. Misc. Marh 3. Rob. LJesu. Fer. LJesu. Marh 2. Aȝ. Sh. (: *forthe*, unreiner Reim?) Laȝ B. Ev.

Für *worpen* Lamb. AR. ON. Laȝ A. ist jedoch eine andere Aussprache anzusetzen, etwa offenes *ŏ*; denn diese Denkmäler scheiden noch streng zwischen der Schreibung *u* u. *o*. Ob *bǫrke* oder *burke* Laȝ. B zu sprechen ist, weiss ich nicht sicher zu entscheiden; wahrscheinlich ist mir *bǫrke* wegen des ne. *bark* (nicht *burk*, wie *burn*, *burst*). So steht neben *worpen* auch das jüngere *warpen* Marh. Jul. Kath. Lamb. Laȝ B. Vgl. zu diesen lautlichen Veränderungen des Prs.-Vokals ne. *starve*, *smart*, *heart*, *hart* usf.; Lamb. 7, 17 *marȝen*, *tomarȝen* 79, 11. 85, 12. *warhte* 91, 25. 25. Kath. *marhen* 603. 647. AR. *morhȝiuen* 94, 96; anorth. *worða*, *worpa*, und mnl. (s. Gramm. von Franck 41—43) *warpen*, *borsten*, *barsten*, *warden*.

2. Pt. Sg. *a*, *e*, *ea*, *æ*; hier ist *a* bedeutend häufiger als vor *l*. *Werp* Lamb. AR. *warp* Lamb. Kath. ON. Ev. Laȝ. *werð* Lamb. Laȝ. A. Trev. *warð* Lamb. Laȝ. Kath. Marh. Jul. *berst* Rob. *barst* Laȝ. Marh. Marh 3. r EE. *bearst* Jul. *wearð* Lamb. AR. *kerf* AR. Rob. Ev. *carf* Rob. Laȝ. EE. Ch. *cærf* Laȝ. *wearp* Kath. *starf* Aȝ. *sterf* AR. *swarf*, *swerf* *swearf* Kath. r Fer. *biberh* Laȝ. *hwarf* Ev. (*gehwearf* Luc. 8, 55 Hs. R).

3. Pt. Pl. *ŭ*, später *o* geschrieben. Im letzten Falle ist die Aussprache meist schwer zu bestimmen (sieh S.119 ff.). *Wurpen* Misc. Laȝ A. Ev. *worpen* Laȝ B. *awyrpen* Ev. (*y* für *u* geschrieben, wie umgekehrt *u* für *y*?) *iwurðen* Marh. Laȝ A. *iwurþe* ON. Misc. *iworþen* Laȝ B. *kurue* Laȝ A. AR. *corue* Laȝ B. Rob. *bursten* Laȝ. Jul. Kath. Ev. Marh. r Fer. *burke borke* Laȝ. *swurken* Laȝ A. *storue* Aȝ. *ȝurren* Laȝ A. (ȝ aus dem Prs. und Pt. Sg. verallgem.)

4. PP. *ŏ*: *Gehworfene* Ev. *istoruen* AR. rON. *iborsten* Ev. Marh 3. *idoruen* rON. *iworþe* rON. Trev. Laȝ B. LJesu. *iworpen* Ev. AR. ON. Laȝ. *iborȝe* Aȝ. Lamb. *icoruen* AR. Jul. Marh. Rob. Trev. EE.

Weitere Einzelheiten.

Pt. Sg. *hwærfde*, *warfte* Laȝ. Sieh S. 115.
Sw. Pt. Sg. *smerte* Patr. rCh.
Pt. Pl. sw. *gorden* Patr. (anderes Verb?).

Snercte Marh., Hs. R hat *snarchte*, welches Stratmann vom an. *snerkja* ableitet.

EE. *burst* Pt. Pl. sw. Form. wie auch das ne. Pt. *burst*; Laȝ. hat das zugehörige sw. PP. *iburst*, auch *ibursted* und *ibirsted*. Sw. Pt. Sg. zweimal *toberste* Marh 2 (intr.). Die PP. *tobursten* Laȝ. ,*ibursten* Trev. haben denselben Vokal wie der Pl. Pt., wahrscheinlich durch die Einwirkung der einschliessenden Konsonanten. vgl. PP. *forwurđen*. Au ch*iborsten* Marh 3 könnte mit *u* zu lesen sein. -- Auch nördliche Formen, in denen die Metathese durch an. Einfluss wieder rückgängig gemacht ist, finden sich: Kath. (*bresten* sw. Pt.) rCh. rFer. rChr. rTroye. EE.

PP. *ideruet* neben *idoruen* AR. Marh. In Laȝ. ist belegt *derfde* (Pt.Sg.), *iderued* (PP). Das Verb ist me. transitiv geworden.

Ceorfan sollte me. zwischen *ć* und *k* wechseln, doch wird *k* durchgeführt. Nur Ev. findet man *acharf*; auch *forscrif* im Prs. weist auf die Aussprache mit *ć* hin.

PP. *iwarpen* Marh. Lamb. Kath. ist lautlich zu erklären, vgl. das Prs. Infolge dieses *a* im Prs. und PP. tritt das Verb in die V. Klasse über: Pt. *weorp* Laȝ A. Jul. Kath. Pl. *weorpen* Laȝ A. (Daneben *warp*, *wurpen*.) Im späteren ME. ist das Verb unbekannt.

Sw. Inf. *wurþien* Misc. — Pt. Sg. *worþ* Rob Trev. Dunst. rFer. (: *forþ*), *wort* Marh 3. *iworþ*, *iwurđ* Laȝ. Auch hier sind wohl, wie im Prs., die Nachbarlaute an dem *u*, *o* schuld. – Pt. Pl. *iwarđen* Kath C. *iweorden* Lamb. haben den Vokal des Sg. angenommen. PP. *forwurđen* AR. ON (reimt mit *ǫ*) zeigt durch Einfluss des *w*. *u* statt *ǫ*; vgl. z. B. die Aussprache in ne. *word*. Auch *forworþe* LJesu. *iworþe* ON. Trev. Laȝ B. können mit *u*, (sprich *ǫ*)[1] zu lesen sein. – Der gramm. Wechsel wird im ME. beseitigt, indem der Kons. des Prs. und Pt. Sg. durchdringt: Pt. Pl. *wurþe* ON. Misc. etc. Die Schreibungen *iweorden* (Pt. Pl.) Lamb. *ward* Marh. etc. beweisen nicht das Gegenteil, da vielfach *d* für *þ*, *đ* geschr. wird. Auch *wert*, *wort* Marh 3 ist vielleicht nur ungenaue Schreibung, oder zeigt Verhärtung im Auslaut, wie sie vor Wörtern mit stimmlosem Anlaut berechtigt ist.

[1] Trautmanns Zeichen; vgl. „Sprachlaute" § 137 Anm.

D. Einzelne Verba.

1) *Murnen* AR. Schon ae. einmal *murnde*. Sw. Inf. *murnin* Marh. Pt. immer sw. *murnede* Lamb. Laȝ A. AR. *mornede* Laȝ AB. *mournede* (mit Dehnung) EE.

2) *Spurnen* AR. *spurnde* Rob. *ætsperne* Ev. (aus *speornan*; Analogie zu den übrigen Verben der Klasse).

3) *þreosche* AR. rCh. (Die Metathese des *r* ist durch an. Einfluss wieder beseitigt.) PP. *iđrosschen* AR. *iþorsse* Aȝ.

4) *Feohten, fæhten, fahten, feahten* Laȝ A. (alle mit derselben Aussprache); auch *fuhten* Laȝ A. wird dasselbe bedeuten (vgl. die Schreibung *u* für *ēo*), *fehten* Lamb. Jul. Kath RB. *feihte* Laȝ A. Daneben schon *fihten* Laȝ AB. Kath C. Lamb. AR. etc. durch Einfluss des *h*. *fiþten* Laȝ B mit Verwechslung des Schleifers. *feiȝt* Ch. und *feyght* Arth., sind seltene Schreibungen für *fighten*, aus *heiȝ*, *heygh*, *fleiȝ*, *neygh* usf. übernommen, in denen *ēah* zu *ī* geworden war. In *fite* Trev. ist das *h* schon geschwunden. Pt. Sg. *feiht* Lamb. *feht feaht* Laȝ A. regelrecht aus *feaht*, auch wohl noch *fæht faht* Laȝ. und *faht* Marh. Jedoch stammen *faȝt* ON. *fauȝt faȝt* rFer. rrCh. sicher aus anglischem *fæht*. Pt. Pl. *fuhten* AR. Laȝ. *feohten feuhten* Laȝ (sieh S. 118), *fouȝte*, *foughte*, *foȝte* Rob. rTroye. Fer. Über das Durcheinandergehen der Formen *faught* und *fought* im Sg. und Pl. sieh S. 117). — PP. *iuohten* Laȝ. Rob.

5) *Freinen* Kath. Jul. Laȝ.; sw. Inf. *freinin* Jul. B. *frœinien* Laȝ. Nur sw. Formen, z. B. Jul. AR. Laȝ. — Kann nicht vom ae. *friȝnan* abgeleitet werden. Da Orrm *fraȝȝnenn* hat, können die me. Formen auch nicht vom an. *fregna* herrühren. Es muss vielmehr ein ae. **frœȝnan* zu Grunde liegen (Bosworth führt ein *ȝefrœȝnan* auf).

6) *Breȝdan*. ȝ wird entweder zu *i*: *breiden* AR. ON. rFer. (: *saide*). rTroye (*leyde*). Pt. Sg. *brœid breid* Laȝ. *braid breid* Jul. *breid* AR: *brayde* (sw.?) EE. Ch. *bryde* (fehlerhaft?) Rob. PP. *forbroiden* Laȝ. A. ON. Rob. (hier kann *i* nur analogisch sein; denn nach *ŏ* hätte ȝ zu *u* werden müssen. - Oder ȝ schwindet, indem es den Vokal dehnt, schon ae. *brêdan*, *brǽd*. Inf. *brêden* AR. rrON. Pt. Sg. *brêd*

brǣd Ev Pl. *brûden* Ev. PP. *forbrôden* rrON. rSh. Laȝ B. Oder endlich ȝ fällt unter Dehnung des Konsonanten: Pt Pl. *brudden* Laȝ A; vielleicht aber nur eine ungenaue Schreibung.

II. KLASSE.

1. Prs. Die Hauptmasse der Verben hat *î*, geschrieben *i, y; ei* in *weinen* Laȝ. A wird nichts anderes bedeuten. (*Rese* Trev. β, γ, wo die beiden anderen Hss. *rise* haben, ist wohl vielmehr *rǣsan.*)

2. Pt. Sg. *â* gilt noch in Ev. (*æ* in *geswæc* vermutlich für *â*), Lamb. Marh. Jul. Kath. (einmalige Ausnahmen *aroas* Kath R. *drof* B.); ON. hat *wat*, *wot*, *abod*, Laȝ. A hat meist *a*, dafür auch *æ*, daneben *drof, smot* (mit der jüngeren Lautstufe), *scean* (wie ae. *scęân*), *igreap* (vielleicht als Bildung nach Kl. III aufzufassen, wie der Pl. *grupen* Laȝ. A.), *dreof* (falsche Schreibung für *drôf*? oder Analogiebildung zum Pt. Sg. *ȝef* 1a wegen der gleichlautenden PP. *ȝiuen, driuen*; beachtenswert ist, dass A auch den Pl. Pt. *ȝifuen* hat), *abed abeod* (Verwechslung mit *biddan*, Pt. *bed*; oder Eindringen des Pl.- und PP.-Vokals, der auch *e* geschrieben wird und in *reoden* B *eo*). Laȝ. B hat fast ausschliesslich *ô*, selten *ao*, *a* und einmal *reos.* -- Alle übrigen südlichen Texte haben offenes *ô*.

3. Pt. Pl. und PP. *ĭ*, wofür auch sehr oft *e* geschr. wird, da das engl. *ĭ* ja stark nach *e* hinneigt. Die Kürze ist gelegentlich durch Doppelschreibung des folgenden Kons. ausgedrückt, z. B. *iwritten* AR. *abydde* EE. *smytte(n)* EE. Reime meist nur mit ae. *ĭ*: Sh. ON. Misc. Marh 2. Rob. HLeg. Ch. LJesu; ich fand nur 2 Reime mit *î* (Sh.: *wyue.* EE. *whytte* = ae. *hwît*; dieses könnte allerdings auch gekürzt sein, wie so viele einsilbige Wörter auf *t* im Engl., vgl. ndd. *wĭt*). *reoden* Laȝ. B mag für *rĕden rĭden* stehen, oder für *rôden.*

Zusätze.

Blîcan: me. nur sw. Formen; Inf. *blîkien* AR. Laȝ. Pt. Kath. vgl. an. *blîka* sw. V.

Clîuen nur Aȝ, mit starken Formen.

Cînan st. Pt. Lamb. rMisc. rFer. — *Grâp* Laȝ. Ev. Jul. (*Gripte* Rob. wird zum sw. V. *grippen* gehören.)

Agrised sw. Pt. Pl. einmal Trev. — *Schîten schoot ischĕte* Trev.

Rîsan Pt. Sg. *ræste* erkläre ich aus *ræs* + *te* (*ræs* = st. Pt. *râs* mit stimmlosem *s*); das Pt. von *rǽsan* hätte *rǽsde* gelautet.

Swîcan: st. Pt. und PP. Laȝ. AR. Rob. Sh. Aȝ.

Gnîden AR. Misc. Pt. Pl. *gnĭden* AR.

Flîtan Lamb. Kath. Pt. *flĭten* Ev.

Slât und *islĭten* Ev.

Hrînan, starke Formen vollständig belegt: Marh. Laȝ. Ev.; *arînede* AR. *æthrînede* Ev. Marc. 1, 41 (varia lectio *hrinende*). Später tot.

Rînan urspr. sw., schon ae. starke Formen: Inf. *rîne* rLaȝ. Aȝ. Trev. Pt. Sg. *roon* Trev. (2 mal) *rinde* Laȝ A. Ev. (Mat 7, 27). Daneben *reinen* Laȝ. Trev. Pt. *reinede* Laȝ B.

Aus dem got. *raupjan* = ws. **rēpan* hat man durch Verwechslung mit dem Adj. *rîpe* ein st. V. *rîpan* gebildet: Inf. *ripen* PM. Aȝ. Ev (Joh. 4, 38). LJesu. Mit Brechung (vgl. Klasse Ia, Ib): *reope* Jul. — Pt. Pl. *repen* (zu lesen *rĭpen*) Laȝ AB. LJesu.

Zu *schînen* finden sich auch sw. Formen Trev *a*. Ch. Troye.

Strîcan : *strâc* Laȝ. Jul. Übertritt in die 3. oder 1. Klasse: Pt. Sg. *strêk* Fer. *strêke* EE.; oder soll man *strĕk strĭk* lesen und aus dem Pl. und PP. erklären? Pt. Pl. *strĭken* Marh. *streken* Troye. — *Smôt* Aȝ. Misc. Marh 3. rRob. Arth. *smyt(te)* rrCh. rTroye halte ich für sw. (s. S. 116).

Speowen Jul. AR. Trev. wohl vom ae. sw. V. *spēowian*: PP. *yspuwed yspeowed* (*u* aus *ēo*) Trev. Vom st. *spîwan* kommt Imper. *spî* AR.

Sîcan: me. nirgends starke Formen. Inf. *sîken* Jul. AR. Lamb. ON. Laȝ. EE. sw. Pt. *sîkede* Jul. EE. Daneben besteht ein Inf. *sîchen* Laȝ. LJesu. Trev. rCh. Pt. *sîchede* Trev. Hierfür ist ae. ein sw. V. **sîcean* anzusetzen; das Intensivum *siccettan* ist belegt. Vgl. auch das mnl. *sicken*

(Glossar zu Francks mnl. Gramm.) und das schwed. *sukka*. Ähnlich wie spät-ae. (Sievers § 384 Anm. 2) zum st. V. *rêocan* auch *rêohte* vorkommt, so findet man me. das Pt. *sihte* (vgl. auch die Verben Sievers § 407), das also zum Inf. **sîcean sîchen* gehört (wie *rǣcean rǣhte*). *Sihte* steht rON. HLeg. Ch. LJesu, *siþte* (wie *heþte* für *hehte*) Laȝ. Der Inf. *sihten* ist im Süden nirgends belegt; ich halte denselben daher, wie auch das ne. *sigh* (auch ON. Troye. Fer. Trev.), für eine Neubildung aus dem Pt. *sihte*; man möge dazu das ne. *must* (ae. Pt. *môste*), neusüdengl. *laust* (*perdere*, aus dem Pt. *loste*) vergleichen.

Wlîtan Pt. *wlæt* (statt *wlât*) Laȝ A, kommt nicht von *flêotan*, wie Callenberg 329 meint.

Hwîne Misc.; Laȝ schreibt *weinen*, vgl. *wreie* (= *wrîen*).

Wrîtan. Prt. *wrât wrôt* sehr oft. Cohn führt zwei Belege für *writ* (neben *wrât*) an; es ist aber wahrscheinlich Prs., so fasst es auch Morris einmal auf (= *wrîteþ* : *writ*). PP. *iwrîthe* Misc. (das *h* ist ohne Bedeutung). Prs. *w[r]yte* Rob. ist Schreibfehler.

Wrîđan auch ae. ohne gramm. Wechsel, *wrâđ* Ev. PPl. *wryþen* Misc. PP. *ywriđen* Laȝ.

Wîten Marh. Lamb. etc. Daneben *wuten*, *nuten*, worin *u* einen *ü*-artigen Laut bezeichnet; es steht bekanntlich für ae. *y*, das Resultat aus *w* + *i* (*ne-witen* : *nyten* : *nuten*, vgl. *nylle* = *ne-wille*). *Wuten* ist entweder Analogiebildung nach *nüten* oder *w* hat, auch wenn es erhalten blieb, das *i* zu *ü* gemacht. Belege AR. GJesu. Misc. LJesu. Jul. Marh. Lamb. Zwei merkwürdige Pt. hat Rob. *atwiste*, *atwitede* zu *ætwîtan*; das erste ist mit Entlehnung vom Pto.-Prs. *wîtan* gebildet; das zweite ist eine sw. Neubildung nach Ia.

Snîđan, lîđan, scrîđan hatten im AE. gramm. Wechsel, doch kommt auch schon PP. *scrîđen* vor. Die beiden letzten haben im ME. den Kons. des Prs. u. Pt. Sg. auf den Pl. und das PP. ausgedehnt. Laȝ A hat die vollständigen Belege; *scrîđen* sonst im Süden nicht zu finden; *lîđan*, das daneben in A auch sw. Formen hat, nur noch in Laȝ B (aber nur sw.) belegt, jedoch mehrmals durch *comen*, *wenden* ersetzt. *Snîþan* im Prs. Lamb. Ev., pt. sg. *snæde snadde*, PP. *snædde* Laȝ A. (s. S. 115).

Die Verben *têon, đêon, wrêon* zeigen wegen der mit *flêon* (III. Kl.) gleichlautenden Pr.-Formen schon im AE. ein Schwanken zwischen der II. und III. Kl. *Têon* („zeihen") habe ich nicht belegt, *đêon* nur mit Formen nach der III. und zuletzt in den Legenden aus Gloucestershire, *wrêon* schwankt im Prs. Pt. Pl. und PP. Auch *wrêon* stirbt später aus; es fehlt Sh. Ch. Trev. EE. Arth. Die Pt. Sg. sind (alle nach III.): *wreah wreh* Kath. *wreih* AR. *wreag wreah* Ev. *iþaih iþeh iþæh iþei* Laȝ. *iþeȝ* Dunst. *yþeu* Rob. (hs. *yþen;* Erklärung s. unter *flêon*). Pt. Pl. (nach II.) *unwrien* AR. *wriȝen* Laȝ A. *wreȝe* B (dieselbe Ausspr.), (nach III.) *wruge* Ev. PP. (nach II.) *ywriȝe ywrye* AR. ON. Ev. Aȝ. rRob. Laȝ. rTroye. (nach III.) *ywroȝe* PM. Ev. rr ON. Laȝ B. *iþoȝen* Lamb. Laȝ. Auch der Inf. hat zweierlei Formen: neben dem regelrechten *wreon* r ON. r Misc. AR. Ev. r Beck. r Rob. kommt *wrien* vor AR. r Fer. Laȝ (geschrieben *wreie*, vgl. *weinen*). Es mögen hier mehrere Gründe gewirkt haben: die Verben der III. *lie flie drie*, der II. *stîȝan, sîȝan, mîȝan*, das anorth. und an. *wrîa*, vgl. die Inf. *stîȝe* und *steo*. Von *þêon* ist nur die regelrechte Form. belegt, Laȝ. r Misc. Die kentischen *wry* Aȝ. (daneben einmal das ausserdialektische *wreþ*), *ithy : fry* (liber) Sh. stammen aus den ae. Formen, denn ae. *êo*, *îo* ist mkent. zu *î* geworden, eine Entwicklung, die Danker übersehen hat. Sh. reimt *yse (sêon) : crye* (frz. *crier*) 106. *sty (stîȝan) : be (bêon)* 126. *steyȝe (stîȝan) : syȝe (sîȝan)* 3. *ithy (þêon) : fry (frêo)* 102. Aȝ. hat *yzy (sêon), uil (fêol), lhip (hlêop)*. Chestre reimt *by (bêon) : trusty* (Inf.) 1260 Octav. (Vgl. Sarrazin, Einl.)

Im ME. findet man ausserdem eine solche Hinneigung zur III. Klasse, wenn auch in geringerem Umfange, bei *stîȝen, sîȝen, mîȝen*. Das Pt. Sg. *stâh* ist im Süden nur in Ev. und Lamb. zu treffen (hier neben dem gewöhnl. *steh*); ausserdem findet man *sâh sôh* nur bei Laȝ. Das Pt. *stawe* Sh. kann ich nur als nördl. Form verstehen (aus *stâh : staugh : staw*). Laȝamons *stæh sæh mæh* können für *stâh* etc., aber ebenso gut für *stêh* etc. stehen (vgl. *flæh, læh, bæh*);

steh seh meh Laȝ. sind offenbar nach III. gebildet, indem die Inf. mit *lie, flie, drie* zusammengebracht wurden. Alle übrigen Denkmäler haben nur Pt. Sg. nach III: *seȝ* r Fer. *steh steah* Kath. Marh. *steih* AR. r Misc. r Rob. *steȝ* r Fer. *steaȝ* Aȝ. *styȝ stiȝe steigh steyȝ* Trev. (*stiȝe*, *styȝ* enthält also nicht den Vokal des Pl., sondern ist die regelrechte Entwicklung aus *stéah : stêh : steigh*). Neben den Pt. Pl. *stiȝen* Lamb. Ev. Marh. Jul. Laȝ. *sihen* Jul. Marh. steht einmal *stuhe* Jul. B. Neben den PP. *istien* AR. *istiȝe* Fer. *isteie* (Ausspr. ī) Trev. *isīȝen iseȝen* (dieselbe Ausspr.) Laȝ. *isihen* Kath. steht *istoȝe* Lamb. r Fer. *ystowe* Trev. Auch hier finden sich zweierlei Prs.-Formen: *sîhen* Marh. Kath. *syen* Misc. Sh. Laȝ. *stien* Lamb. Ev. Marh. Jul. Kath. AR. Misc. Sh. LJesu, aber *steo* r Misc. r Wright, als. eine Bildung nach *wrêon, ðêon, flêon.*

III. KLASSE.

1) Prs. a) ae. *éo*, me. im ausserkentischen Süden noch sehr lange so geschrieben (sogar noch bei Trev. γ), später *e*, *ee*; in Kent steht *ye, ie, i* (zb. *chise* Aȝ.); b) ae. *û*, me. *û*, später *ou* (schon Laȝ B.) geschrieben. Die Schreibung *u* für ae. *éo*, die sich schon bei Laȝ. (zb. *luȝe* A *ruwe* B) findet und später im Süden häufig ist (Fer. Trev γ. EE.), darf nicht verleiten, an eine Erweiterung der Zahl der *û*-Verba zu denken; diese werden ja auch mit *ou* geschrieben. Das *u* stellt vielmehr eine lautliche Entwicklung des *éo* dar, vielleicht einen langen ö-Laut, vgl. die Pt. der V. In manchen Denkmälern schreibt man allerdings *u* nicht bloss für *éo*, sondern auch für andere me. *ē*; siehe zb. Trev γ. Weil ae. *éo* im Süden nicht zu reinem geschl. *ê* wurde, darum vielleicht schrieb man so lange *eo* und nicht *e*, nicht bloss wegen der „Anhänglichkeit des Sachsenvolkes am Alten". Sehr beachtenswert sind ausser der Schreibung *eo* und *u* die regelmässige Vertretung des *éo* durch *o* im Cott. Ms. Calig. A IX (siehe ON.) und die durch *oe* in HLeg. — *Dréoȝan, léoȝan, fléoȝan* sind sehr früh zu *drie flye lihe* geworden; die vor-

kommenden älteren Formen sind: Ev. *leogen*, Laȝ. *fleoȝe fleȝe* (neben *fliȝe* AB.), *dreȝe dreie* (neben *driȝe*). *leȝe luȝe* (neben *liȝe*), Lamb. *dreȝent* (aber *liȝen*), Jul. Kath. Marh. *drehen dreien* (aber *lihen*). In *bûȝan*, *brēowan hrēowan* bilden sich me. Diphthonge.

2) Pt. Sg. meist offenes *ē*. Marh. Jul. Kath. AR. schreiben vielfach noch *ea*. Laȝ. A hat meist *æ e a*, auch *ea eæ ęo*, vor *h* auch *ei* und *æi*; Laȝ. B meist *e eo ea*, auch *a ee ie*. Ev. wenden *e ea æ eo* an, einmal *ie (abieh)*, dieses letztere ist kentisch. Lamb. und die meisten übrigen ausserkentischen Denkmäler haben *ē*, *ee*. Trev *γ*. bietet auch *eo* und *u*; *u* bedeutet natürlich nicht ein Eindringen des Pl.-Ablauts, welcher vielmehr *o* geschrieben sein würde; es steht entweder einfach für off. *ē* oder bezeichnet einen ähnlichen, rein lautlich entwickelten Vokal. Das Kentische bildet aus *ēa* me. *yea ya y* (*lys* Sh.), doch schreibt selbst Dan Michel meist *ea* und sogar einmal *ssat (scēat)*, vgl. auch *grat (grēat)* Aȝ. 137 und *lhapþ (hlēapun)* Aȝ. 66. 155; Danker weiss von dem Vorkommen dieser Schreibung *a* für *ēa* nichts; sie mag den *ę̂*-Laut bezeichnen sollen. Sh. und Ch. reimen *forbead onleak* mit ws. *æ ǣ ēa*. — Die Pt. *flēah*, *drēah*, *lēah*, *tēah*, *bēah* folgen im ganzen Süden der schon oben unter *sēon* besprochenen Entwicklung *ēah* : *ēh* : *eih* : *iih (igh)* : *ī*.

3) Pt. Pl. frühme. *ŭ* in Schrift und Aussprache (Ev. Marh. Jul. Kath. AR. Lamb. Laȝ. A, hier auch *floȝen flowen teuwen tueoȝen*); später wird *o* geschrieben, welches einen *ǫ*-Laut bezeichnet. — Über Beeinflussung durch den Sg. und das PP. S. 117 ff. im Zusammenhang.

4) PP. *ŏ*, später *ō*.

Weitere Einzelheiten.

1) *Bêodan:* vielfach mit *biddan* verwechselt, vgl. z. B. Laȝ.; wird später immer mehr durch dieses verdrängt, vgl. zb. EE. — Prs. *bude* Fer. r EE (Schreibung für *ēo*); *bide* Laȝ AB (verw. mit *biddan*); *bebydende* Ev. ist jedoch die regelrechte kentische Form, vgl. *lyst* zu *lēosan*. — Pt. Sg. *forbead* rrr Sh., einmal *forbode* (durch Versehen?). *Forbode* Trev. VII. Bd. (!) ist nordengl. Form, sonst hat Trev. stets *forbeed*,

-beod, -bud, -bede. — *þeide* Laȝ A. für sw. *bidde?* — Pt. Pl. *biden beiden beden* Laȝ. *boden* Marh 3. Rob. *bæde* Ev. (Form von *biddan*) — PP. *uorbode* AR. Misc. Wright Aȝ. Trev. *ybede* r Rob. (der Form nach zu *biddan*).

2) *Bûȝan: buwe : treowe* Misc. *abowe : trowe (trûwian, trēowian)* Fer., wo also *trûwe* zu lesen ist. Sw. Inf. *abouwie* LJesu. Dagegen kommt *abuye* Rob. von *bŷȝan.* — Pt. Sg. *abowȝ : þorw* Fer. mit Vokal des Pl.? — Pt. Pl. *buhe* Kath. Laȝ.; *bæhȝen, biȝen* Laȝ. mit dem Sg.-Ablaut. — PP. *ibuȝen iboȝe* Laȝ. r Fer. – sw. Pt. und PP. *boȝede bowede bouwed* Laȝ AB. Trev., doch *buhde* Kath C. kann auch von *bŷȝan* kommen.

3) *Brûcan:* r Misc. Laȝ. AR. Lamb. — *broke* Laȝ. r Fer. (reimt mit ae. *â!*) ist vielleicht ein anderes Verb und mit dem ne. *brook* zusammenzustellen. Sw. Inf. *brukien* und *brouki* Laȝ.

4) *Breođen* Laȝ.

5) *Breowe brewe* UsW. Ch. — Pt. Pl. *browe* r Rob.

6) *Cleouen* Kath. – Pt. Sg. *forclef* Laȝ. rrr Rob. Fer. Troye. — Pt. Pl. *cluuen cloue* Laȝ. Fer. – PP. *ycloue* Rob. Trev. r Troye. EE. r Fer. (: *above*, hierüber S. 121). — sw. *cleouie* Laȝ. *forcleuede* Rob. (Ms. Ar.) *clefte cleuede* Arth. r Ch. r Troye.

7) *Crêopan*: Pt. Sg. *crep creep creap* Kath. Trev. r Fer. *crap* Laȝ. Pl. *crepe creop* Laȝ., diese 3 Formen bei Laȝ. scheinen nach der 1. Kl. gebildet zu sein; doch ist es vielleicht besser *crȩ̂p* zu lesen und *crepe creop* als Pl. mit eingedrungenem Sg.-Ablaut zu fassen. Pt. Pl. *crope* Bek. Laȝ. PP. *icrope* Trev.

8) *Duveđ* AR. (kann auch *düveđ* gelesen werden, als zu ae. *dŷfan* gehörig). Pt. *def* Kath. *deæf* Laȝ A. PP. *gedofen* Ev.

9) *Todrese* Laȝ. Misc. PP. *todroren* r Misc. r Wright.

10) *Leose*, ae. nur im Komp. — *leese, lese, luse* Trev. *lese : Courtehose* (mehrmals) Rob. (MS. Ar. schreibt einmal *lose*), vgl. unter *cēosan*, *losie* Laȝ. kommt von *losian*, ebenso wohl *loose* Trev β. *Losen* ON. ist Schreibung für *lēosen.* — Pt. Sg. *forles* ON. Misc. Troye. HLeg. *lyeas leas* Aȝ. *lys* Sh. —

Pt. Pl. *lure forlore* AR. r Misc. Sh. Fer. PP. *ylore* r PM. Serm. r Misc. r Wright. r Ch. r Troye. rr Sh. Trev. HLeg. — Im Süden also stets der gramm. Wechsel erhalten; für den Norden führt Morris, Prick of Conscience XX das PP. *losen* an. Daneben steht das oben erwähnte *losian*, Pt. u. PP. *losede ilosed* Laȝ. 2201. 12492. Kath. 1120. 2046 etc.; auch die Formen *leoseden* und *ileosed* Laȝ. gehören trotz der Schreibung *eo* vielleicht dazu. Das sw. V. *losian* tritt aber mit der Zeit in die Konjugation der ursprünglich langstämmigen sw. V. über und bildet *loste ilost* EE. r Arth. Fer. Trev. (auch *looste*); diese Formen setzen sich (mit der Bedeutung „verlieren") allmählich neben die starken, bis sie (zb. Arth. *leze loste ylost*) die einzigen sind. Man darf also in ne. *lost* nicht den Vokal des PP. *forloren* suchen wollen. Vgl. ähnliches bei *scêotan* und *scotian*, *flêon* und *fledde*.

11) *Hrêosan:* Pt. *reas* Laȝ. Ev. *ruren* Laȝ. Ev.

12) *Seþe* Trev. Pt. Pl. *suden* Laȝ. *sode* Rob. pp. *isode* Rob. Trev. — Bei den 4 letzten Verben ist der gramm. Wechsel immer gewahrt.

13) *Frêosan:* PP. meist *yfrore* r Misc. Rob. Trev., nur einmal das Adj. *frozen* Trev. *α* (nördl. Form).

14) *Cêosan*: gewöhnlich *chese, cheose, chuse*; im Kentischen *chiese, chise* Aȝ. *Chese : Courthose Courthese* Rob. vgl. oben *lese.* Man kann, wie mir scheint, schwanken zwischen *Courthose* mit off. ō, aus afrz. *hose* und *Courthese* mit geschl. ē aus **huese* (vgl. afrz. *hueser*, altspan. *huesa*). *Lose* mit off. ō wäre von *losian* herzuleiten, für *chose* mit off. ō ist keine Möglichkeit. Rob. könnte aber geschloss. ō in *lose* und *chose* (aus der Betonung *leôsan*, *ceôsan* erklärlich) in unreinen Reimen mit dem Fremdwort gebunden haben. Dann hätten wir hier die lange gesuchten me. Formen für ne. *lose* und *choose.* Ob diese Deutung wahrscheinlicher ist oder die Lesung *Courtehese : chêse, lêse*, lasse ich dahin gestellt. — Pt. sg. *ches* Misc. LJesu. Marh. Marh 3. Rob. r Fer. r Chron. Trev. *chas : was* EE., *chas* wird schwerlich mit ten Brink, Chaucers Spr. und V. 38, als eine lautliche Nebenform zu

chês auzufassen sein (etwa aus *ceâs* statt *cêas* entstanden[1]), man wird vielmehr wohl in *chês* : *wēs* ändern müssen. Das regelrechte Pt. Pl. *curen* Laȝ A. Ev. Mit dem Anlaut *ch* (aus Prs. und Pt. Sg. eingedrungen): *chure* Marh. Ev. Jul., dazu mit Aufgabe des gramm. Wechsels *chosen* Laȝ B. Sh. Rob. — PP. *icoren* Kath. Jul. Marh. Lamb. AR. r Sh. rr Misc. Fer. r PM. Serm. rr EE. **ichore* kommt nicht vor, *ichosen* Laȝ AB. Kath (einmal). AR. Sh. Aȝ. Chron. EE. UsW. Rob. Trev. — PP. *cheosen* Kath C. (nur Schreibung für *o*?) — Im Gegensatz zu den 4 vorangehenden büsst dieses Verb also mit der Zeit den gramm. Wechsel ein.

15) *Flêon* und *flêoȝan*, nur im Prs. der Form nach verschieden, daher auch hier häufig verwechselt. *Fléoȝan* aus AR. Jul. Kath. Rob. nicht zu belegen; in beiden Bedeutungen steht *fléon*. Marh. hat nur *flihinde* und (Imp.) *flih* neben dem gewöhnlichen *fleon*. In Kent fielen die beiden Verben zu *fly* zusammen; *uleþ* Aȝ. ist unkentisch. Im übrigen Süden ist nur *fléoȝan* zu *fly* geworden (zahlreiche rr.). *Flon* Lamb. Laȝ. *vlue* Trev. *y* drücken die südwestliche Lautentwicklung des *éo* aus; *fleahi* Marh 2. aus *fléoȝan*, vgl. die Formen unter *dréoȝan*; *flihst* : *swykst* ON., entweder unreiner Reim, oder *flihst* hat den Wandel von *hs* in *ks* mitgemacht (wie *waxen*, *fox* usf.). Pt. Sg. *fleih* AR. Laȝ A. *fleh* Laȝ AB. *fley* Rob. EE. etc. *fly* Trev. r Fer. rr Troye. r Arth. r Ch. *fle* Troye (nachlässige Schreibung), *flew fleu* Rob. (oft). LJesu, vgl. *yþeu*. Man muss im Zweifel bleiben, ob der Diphth. *eu* eine Bildung ist nach *bréaw*, *céaw*, *hréaw*, da die Pl. Pt. und PP. *browen*, *ybrowe* usf. mit *flowe*, *yflowe* übereinkamen; oder ob eine Übernahme des Pt. *fléow* von *flôwan* vorliegt; oder ob Verben wie *þrâwan* die Muster waren. Über *flow* Rob. EE. sieh S. 117. Pt. Pl. *fluȝen*, *flowe* etc. Laȝ. Ev. r Rob. etc. PP. *yflowe* r EE. Trev. r Arth. — *uledde* (und ne. *fled*) Aȝ.

[1] Die Erklärung durch Accentverschiebung lehne ich vielmehr a. a. O. (S. 39 f. Anm. 2) ausdrücklich ab. Übrigens ist an der Stelle (S. 40, Z. 9 f.) der Schreibfehler „**fallenden** Diphthong *éa*" natürlich in „**steigenden** Diphthong *éa*" zu berichtigen. — Ausserdem bemerke ich nur noch, dass die auch sonst vorkommende Form *chas* damit, dass man sie aus der Welt schafft, noch nicht erklärt ist. t. B.

r Fer. Trev. Arth. (Laȝ: *bifledde* „floss vorbei") ist, wie Zupitza, Deutsche Literaturzeitung 1885, 610, hervorgehoben hat, nicht sw. Bildung zu *fleen*, sondern vom sw. V. **flêdan* „fluten" entlehnt.

16. *Têon*: anfangs häufig im Prs. und PP.; Pt. Sg. nur bei Laȝ. Ev.; Pt. Pl. *tuhen tugen* Kath. Jul. Ev. Laȝ. *teuwen tueoȝen* Laȝ. A (unbeholfene Schreibungen). *Tye* Ev. ist kentischer Inf.; *tîđ* Laȝ. gleich ae. *tîehđ*. PP. *bytowe* Laȝ. AR. Marh. Jul. Kath. usf. r Fer. r EE. Im späteren ME. selten; der Inf. noch rr Rob. r L Jesu; bei Trevisa (7 Bde.!) gar nicht belegt. Sw. Pt. Sg. *tehte* Laz. A. (s. S. 115). Der grammat. Wechsel bei *fleon*, *teon* wird durch die Vokalisation erst von ȝ, dann auch von *h* verwischt.

17. *Drêoȝan*: Inf. *drie* AR. Misc. r Marh. III. Laȝ. rr Ch. etc. In Marh. Kath. Jul. wird das Verb mit *draȝan* verwechselt, dessen Formen die Bedeutung „ziehen" u. „erdulden" haben; sieh daselbst. Daher mag es kommen, dass, während es nur *lihe (leoȝan)* heisst, *drihe* sich in den 3 Texten nicht findet; der Inf. zeigt vielmehr die mannigfachen Schreibungen *drehen*, *dreihen*, *dreien*, *dreaien*, *draien*, *drahie*, ebenso steht Lamb. Infin. *idreȝan* neben *liȝen*. Marh. Jul. haben als regelrechte starke Form nur PP. *idrohen* und Kath. C einmal Pt. Pl. *druhen*. Dasselbe PP. steht Misc. im Reim, und AR. bietet das Pt. Sg. *dreih*. Neben diese regelrechten Formen stellt sich das Pt. Pl. *drehen* Kath. B und das PP. *idrehen idreȝen* Jul. Lamb. Wright. (Es ist dieser mehrfachen Belege wegen nicht mit Cohn in *idroȝen* zu ändern.) Aller Anschein weist auf eine Bildung nach *seon*, Pt. *iseih*, Pl. *sehen*, PP. *isehen* hin — Sw. Pt. *drehde drehheden* Marh. Kath.

18. *Cheouwe* AR.; *chewynge* Aȝ. neben *chyewe* ist nur undialektische Schreibung.

19. *Flêotan* Marh. Laȝ. Trev. Pt. Sg. *fleet* Laȝ. Trev. Pt. Pl. *fluten* Laȝ. A. — Die Formen *flutte, flutten, iulut*, welche Callenberg bei diesem Verbum aus Laȝ. anführt, gehören zum sw. V. *flutten*, *flitten*.

20. *Ȝeoten* Lamb. Laȝ. Trev. etc. — Pt. *ageat* Ev. *ȝet*, *ȝeat* Jul. — Pt. Pl. *ȝeoten* Laȝ. A. (aus dem Sg. *ȝeat* zu

erklären). — PP. *igote* Laȝ. B. Lamb. Jul. Ev., jedoch *iȝote* Trev. mit aus dem Prs. u. Sg. Pt. eingedrungenem ȝ.

21. *Liȝe* Laȝ. Jul. Lamb. AR. r Bek. r Marh. 2. r L Jesu. rr Arth. rrr Ch. *Luȝe* Laȝ. A. könnte, dem deutschen „*lügen*" gleich, Anlehnung des verbs *liȝe* an das Sbst. ae. *lyȝe* („die Lüge") me. *lüȝe* sein. — Pt. Sg. *leh lœh* Laȝ. *lyȝ lygh* Trev. — Pt. Pl. *luȝen* PM. Lamb. *lowen* Misc. — *yloȝe* Aȝ. r ON. r Fer. — sw. Pt. *leȝede* Laȝ. B.

22. *Hlêotan:* Inf. und PP. Laȝ.

23. *Lûten* AR. r. Misc. *aloute* Rob. Patr. r Ch. EE. r H Rood. Fer. — Pt. *leat* Aȝ. Marh. — Pl. *lüten* Laȝ. — sw. Pt. *aloutede* Patr. — sw. PP. *lowtud* EE.

24. *Rûten* r. ON. r Rob. — Pt. *reat* Jul. — Pl. *rüten* Kath.

25. *Reouwe reowe ruwe* (Schreibung *u* für *ēō*) Laȝ. *rewe* r Rob. — Pt. (*a*)*rew* Kath. Ch.

26. *Smekende* Ev.

27. *Smuȝeđ* Lamb.

28. *Scêotan.* Laȝ. Rob. Trev. etc. *schute* (*u* für *ēō*) Fer.; *scote* Laȝ. A von *scotian* oder von *sceôtan.* — Pt. Sg. *schêt scheat* Jul. Laȝ. r Rob. r Ch. r Fer. Troye. Trev. *ssat* Aȝ. — Pt. Pl. *scute, ssote* Laȝ. Rob. Fer. PP. *ischote* Laȝ. r Misc. rrr ON. r Rob. Trev. — Sw. Formen: *schette* Rob. Trev. *schett* Troye. *schutte* Fer. — Dagegen die Pt. *schott* Trev. β *schot* Arth. Trev. und die PP. *yschott schot* Trev. gehören zum sw. V. *scotien*, wie auch das ne. Pt. und PP. *shŏt.* Man darf in diesen Formen nicht das starke PP. *ischote* wiedersuchen; denn in Trev. und Arth. steht noch nirgends der Vokal des PP. im Pt. Sg., wie allerdings oft im NE. (*broke*, *spoke*, *chose* usf.) Die Pt. u. PP. *fled, shot, lost* im NE. gehören also zu anderen Inf. als *flee, shoot, lose.*

29. Die Verben *scûfan*, *lûcan* und *sûcan* (*sûȝan* fehlt im ME.) zeigen im ME die Neigung, den Ablaut *ŭ, ô, ô, ŭ* anzunehmen, wie er bei *cuman* aus dem AE. überliefert war. Diese Bewegung wird am leichtesten verständlich, wenn man von der Vokalkürzung ausgeht, die alle drei Verben im Prs.

erfuhren wegen des *v* und *k* (vgl. ne. *shove*, *lock* mit Anlehnung an das Subst. *lock*, *suck- dove, took*, *book*, *sick*, auch me. *tokke (tôc)*, *sock (sôc)*, *hock (ôc)* etc.) Dadurch bekamen diese Verben gleichen Vokal im Prs. mit *cuman*. Dagegen kamen die Pt. der IV. zu Hülfe. — Die lautlich berechtigten Formen sind: Inf. *luke* Jul. Laȝ A. *louke* Aȝ. Laȝ. B. *souken* Aȝ. Misc. Trev. *schuuen* AR. — Pt. Sg. *læc* Laȝ. A. *leac* Marh. Jul. Kath. ON. (auch *bilĕck!*) rr Sh. Aȝ. *unleek* Trev. r Ch. *sec* AR. *sæc* Laȝ. A. *schef* Laȝ. Misc. Fer. - Pt. Pl. *luken* Laȝ. B. Jul. *loke* Laȝ. B. *scufen* Laȝ. A. *shoue* Bek. r Troye. *soke* Laȝ. B — PP. *iloke* Laȝ. PM. r Misc. r EE. Trev. Aȝ. Jul. *isoke* Trev. *iscouen* Lamb. Es können jedoch viele von diesen Inf. und PP. gerade so gut auch mit *ŭ* gelesen werden, und manche Pt. Pl. mit *ô*. — Zum Ablaut *ŭ*, *ô*, *ô*, *ŭ* sind zu stellen: Inf. *sowke : wŏke (wucu)* Ch. *bylouke : wŏke* Sh. und dann auch *souke : onlouke* Sh. *Ssouing* Rob. *ssofþ* Aȝ. (vgl. *boȝþ* Aȝ.) können auch vom ae. sw. V. *scofian* kommen. — Pt. Sg. *lok* Laȝ. B. *ounlok* Fer. *sok* Laȝ. B. (Sonst findet sich nirgends *o* im Pt. Sg. der III. Klasse bei Laȝ. und Fer.!) *sok* Ch. (2 mal). *swok* Ch. (vgl. die Schreibungen *schwok* für *shook* Trev. und *woke* = *ôc* EE.) auch Chaucer hat *shoof*. Pt. Pl. *swoke siwǫkyn* Ch. — PP. *ischuuen* AR. hier könnte auch ü gelesen werden, wenn die Form von ae. *ȝescyfen* käme (mit Umlaut), welches von Sievers, PBb. 8,82 belegt ist. — Prs. *seue* Laȝ. B. *unlekes* r Fer. sind nach den Prs. mit *eô* geformt (vgl. *speornan* statt *spurnan*). — *Schovede* Trev. kommt von *scofian*.

IV. KLASSE.

1. Pers. Die meisten Verben haben *ă*; dieses wird im Verlauf der me. Periode vor einfachem Kons. gedehnt (sieh das Prs. 1a). *Draȝan* und *ȝnaȝan* bekommen im ME. den Diphthong *au*. *Ea* in *sleân*, *fleân*, *đweân* (*leân* ist im Süden nicht belegt) wird zu off. *ê*.

a) Folgende Prs. erklären sich durch Neubildung aus dem PP., das ja bei den meisten Verben dieser Klasse denselben Vokal hatte wie das Prs. — *Slein* Jul. (zum ae. PP. *slæʒen* oder *sleʒen), slaʒe* Aʒ. Lamb. r Sh. (zum ae. PP. *slaʒen;* auch der Inf. *draʒan* mag mitgeholfen haben), *flagʒst* Sh. *ulaʒeþ* Aʒ. (ae. PP. *beflaʒen*), *lahen* (*h* für ʒ geschrieben) Marh. Jul. Kath. (ae. PP. **hlaʒen*), *lawe* Fer. EE. *stape* Fer. r EE. (man dürfte vielleicht auch an mnl. *stapen* erinnern; eine dritte Erklärung unten), *schape* Trev. (zum ae. PP. *sceapen;* oder auch gleich ae. sw. V. *sceapian*). *Schappinge* Trev. mit seinem *pp* aus *scieppan* ist eine Zwitterform.

b) Der umgelautete Vokal der 2. und 3. Sg. Prs. Ind. hat zuweilen das ganze Prs. erobert: *eke aece* AR. (ae. *acan*), *scheke sceke* AR. Laʒ. A. (auch sw. *scecky* Laʒ.) *teke* L Jesu, eben da auch die Reime *take* : *speke*, *spake* (beides Pt. Pl.), wo man nicht sicher entscheiden kann, ob der Verf. *teke* : *spêke* oder *take* : *spāke* gesprochen hat. Die Reime der Pt. Pl. *bêre*, *wêre*, *bêde* sprechen für das erste; doch könnte der Reim auch aus einem anderen Dial. genommen oder unrein sein. Vgl. den Reim *take : seke (sêcan)*, den Fick, Kieler Diss. (1885) giebt. *Takeþ* (3 Sg.) : *brekeþ* Misc. *Steppen* (auch ae.) Laʒ. A. Rob. (der regelmässige Inf. heisst *stappen* = ae. *stæppan*). *Forslewyth* (Pl.) Sh. wird auf einem Irrtum des Schreibers oder Herausgebers beruhen. Denn das *w* ist nur nach *a* möglich (*slaʒen : slawe*); nach *e* müsste man *i*, *y* erwarten (also *forsleyeth*). Dass aber die (kentische) 2. u. 3. Sg. *slehst*, *slehđ* (z. B. in den Ev. belegt), später **sleihst*, **sleihđ*, aus einem *slaʒe*, *slawe* ein *slewe* machen könnte, scheint nicht annehmbar. Die Formen *idreʒan* (Inf.) Lamb. *drehen*, *dreien*, *dreaien*, *draien*, *drahie*, *dreihen* (ziehen und erdulden) Marh. Jul. Kath. können wir, wie wir schon sahen, nicht von *drēoʒan* ableiten, denn *lēoʒan* giebt nur *liʒe*, *lihe* in Lamb. Jul.; sie passen aber wohl hierher; man vergleiche (z. B. zu *idreʒan* Lamb.) die 3. Sg. *gneʒeđ* Lamb. (von *ʒnaʒan*). Auch das auffällige Schwanken in der Schreibung wird man leichter verstehen, wenn man bedenkt, dass für die unregelmässig gebildete Form eine geeignete lautliche Schreibung erst gefunden werden musste. — *Fearen* Kath.

ferđ feard Lamb. *ferst færst* Ev. (wenn nicht von *fêran*). *Wexe* Rob. (nur so) L Jesu. Trev. (nur einmal *waxe*). Arth. Misc. (neben *waxen*) ist wohl auf Formen mit (nicht ws.) *i*-Umlaut zurückzuführen : *wexst*, *wext*. Oder das Prs. hat überhaupt Bildung mit *j*, vgl. got. *ƿahsjan*. *Wixe* rr Fer. aus ws. *wiexst*, *wiext*.

c) Die Doppelkonsonanz ist gelegentlich durch das Übergewicht der zahlreichen Formen mit einfachem Kons. (im Prs. Pt. PP.) beseitigt: *heouen heuen* Marh. AR. (einmal *aheuinde*), *hæhue* Laȝ.; *stapen* Fer. r EE. (statt *stappen* aus ae. *stæppan*), vgl. unter a. *stepen* Laȝ. A. Marh. (statt *steppen*, vgl. unter b.)

2. Pt. Auch me. *ô* im Sg. und Pl. Trev. *γ* hat häufig die Formen *touk*, *vorsouk*; *ou* bezeichnet wohl den Übergang von *ô* nach *û*. Der Übergang findet sich nur vor *k*. Aber **wouk* fehlt trotz vieler Belege für *wook*. Es scheint derselbe Unterschied zu sein wie ne. zwischen *took*, *forsook* und *awoke*. Bokenham reimt noch *awoke : toke* 2, 550. Bei Dunbar heisst es jedoch *awoik*, *swoir*, aber *tuik tuke stude buke schupe* (Diss. von Kaufmann, Bonn 1873). Man sieht, das vorangehende *w* hat den alten Laut *ô* in *awôk*, *swôr* behütet. Darum würde das ne. Pt. *swore* auch vom ae. Pt. *swôr* hergeleitet werden können und nicht unbedingt den Vokal des PP. *sworn* enthalten müssen (wie *spoke*, *broke* etc.) — Spuren von Kürzungen wie in ne. *took*, *stood* auch me. schon: *tock*, *tocken*, *hock*, *sock* Laȝ. B. *stodde* EE. *tokke* Ch. Die ne. Formen sind natürlich von diesen nicht herzuleiten.

3. PP. Wie im AE. meist *a*, welches me. vor einfachem Kons. gedehnt wird. — Die ne. nicht seltene Erscheinung, dass der Pt.-Vokal auch im PP. gilt (z. B. *stood*), ist dem ME. noch sehr wenig geläufig; ich fand nur drei Belege: *uorzoke* Aȝ. *onderstode* Laȝ. B. *drowyn* EE. Zupitza führt Guy 394 das PP. *slowe* an. Vgl. den späteren Abschnitt hierüber.

Weitere Einzelheiten.

Ake Lamb. rr Misc. r Sh Aȝ. etc. — Pt. *oc* rrr Rob.

Laȝ. *hock* Laȝ. *eoc* Jul. (übertritt in die V. Kl., vgl. *tacan*). *woke* EE. vgl. *won* (*ân*) 1500. 1725. 2437. 3086.

Ybake PP. Aȝ. r Sh. UsW.

Sacan, me. nur in Komp.; sw. Pt. *forsaked* Trev. VII. PP. *forsake(n)* Jul. Misc. r Rob. Trev.

Taken, in AR. bloss einmal belegt, tritt allmählich an die Stelle von *niman*. *Take* r Rob. r H Leg. rr EE. u. s. f. — Pt. *tôk*, *tôke* sehr oft r. *ouerteoc* Jul. (nach der V. vgl. *eoc*). *to* EE. wahrscheinlich Schreibfehler, schwerlich Neubildung zum inf. *tān*, PP. *tān* (die im Süden nirgends vorkommen!), wie die mhd. Pt. *gie*, *lie* zu den inf. *gân*, *lân*. Sw. Pt. *takede* Laȝ. A. — Pt. Sg. *tak* Troye ist wohl verschrieben, vgl. die Pt. *wake*, *drawe* EE.

Shake Aȝ. r ON. r Ch. r Troye. — Pt. *schook* Laȝ. A. Dunst. EE. Sh. Trev. etc. *schwok* Trev. (vgl. ähnliche Schreibungen unter *sûcan*). — sw. PP. *shakede* EE. — Wegen des im Prs. durchgeführten Vokals *e* (Laȝ. A. AR.), bildet das Verbum bei Laȝ. A. auch Formen nach 1a (wie *speken*): Pt. Pl. *scæken*, PP. *sceken*.

Ischaue PP. Trev. Pt. *schaued* Trev: (2 mal). *scæft scaft safde* Laȝ.

Ylade AR. UsW. Trev.

Graue Laȝ. EE. *grauie* Laȝ. — PP. *igraue(n)* und sw. *ygraued* Laȝ. Trev. EE. *bigreue* : *haue* Troye (aus einem umgelauteten ae. PP. **beȝrefen?*).

Galan. Pt. Pl. *bigolen* Laȝ. — Das Pt. Sg. *ȝal*, welches Koch, Gramm. 283, aus Rob. anführt, gehört vielmehr zu *ȝiellan* 1c.

Faran, oft belegt und im R. *fare* : *debonayre* Sh. ist unreiner R. — Pt. *fôr* Laȝ. Marh. r ON. *foren* Ev. Laȝ. *forre* ON., später tot. — PP. *ifare* Laȝ. ON. AR. Jul. L Jesu. r Ch. rrr H Leg. — Die späteren Denkmäler (Rob. Trev. EE. Arth.) kennen auch den Inf. und das PP. nicht mehr.

Waken: ae. nur Pt. *wôc* (erwachte) belegt. me. *waken awaken* kommt im Süden erst spät und in nicht rein dialektischen Texten vor (Trev. r Ch. EE.); die gewöhnliche Form ist *(a)wakie* Laȝ. AR. Misc., welches vom ae. *wacian* „wachen“

stammt. Daher wird *(a)waken* wohl von *wacian : wakien* und nicht von **wacan* herstammen. In den Bedeutungen werden die sw. und st. Formen me. nicht streng auseinander gehalten: *woc, awok, wook* etc. (erwachte) Laȝ. r Rob. Trev. r EE. (wachte) r L Jesu. (weckte) EE. *Wakede* bedeutet gewöhnlich „wachte"; in der Bed. „erwachte" Laȝ. Ch. Troye. Ev. *Iwaked* PP. („erwacht") Trev. — st. PP. nicht belegt. - Pt. *wake* EE. ist wohl falsch.

Waden r Rob. H Leg. Trev. — Pt. *wod* Laȝ. r Fer. Pl. *wode* Jul. 2. Das Pt. Sg. *wed* Rob. ist vielleicht nur für *wod* verschrieben.

Draȝan. Laȝ. rr Marh 2. rrr Rob. Kath. *drayeþ* Misc. (Schreibung *y* statt *g*, ȝ). Pt. *droh*, *droȝ*, *drow*, Laȝ. Jul. Kath. Marh. r ON. EE. r Troye. r Arth. Trev. r Ch. usf. Die Form *drew*, nur bei Trev. und Troye, stammt aus dem Norden oder nördl. Mittellande, wo ae. *â* erhalten war und Anbildung an *þrawen þrew þrawen* eintrat. Die Form (Pt.) *drawe* EE. (2 mal) wird auf Irrtum beruhen, vgl. *wake*; die Hs. ist voll Fehler. — PP. *idrahen idraȝen ydrawe* Jul. Kath. Laȝ. r Sh. rr ON. rr Ch. rr Rob. H Leg. EE. *idrehen* Jul. R. Lamb. Wright, aus ae. umgelautetem PP. **ȝedreȝen* oder einer Nebenform **ȝedræȝen* (vgl. *sleȝen, slæȝen*) oder nach *isehen* (PP. zu *sēon*) gebildet. *Idrayen* : *mawen* (*maȝa*) Misc. (*y* für ȝ geschr.).

ȝnaȝan: forgnaweđ AR. *gneȝeđ* (Sg., mit Umlaut) Lamb. — Pt. Pl. *gnowe* r Rob. r Patr. Jul. 2. — PP. *ignawe* r Marh. 3.

Stondan, meist *stonden* im Süden: Serm. Marh. Jul. Kath. AR. Laȝ AB. ON. Misc. Marh. 3. Marh. 2. EE. Arth. Lamb. H Leg. Trev. Rob. Nur Ev. *standen, stænden.* Man muss *stŏnden* ansetzen, weil die Denkmäler, welche vor Nasal zwischen *ŏ* und *ă* schwanken, nur in der 2. u. 3. Sg. Ind. *a* schreiben: PM. Sh. Aȝ. Troye (also der Südosten!) haben *stŏnden, stăn(t)st, stănt*, der übrige Süden *stŏnden stŏn(t)st stŏnt. Stoundeþ* Rob. (Hs. H) falsche Schreibung. — Für das Pt. *stôd, stôde* zahlreiche rr. — PP. *istŏnde* wie das Prs.

Slea slee Laȝ AB. Aȝ. AR. r Rob. r Bek. r Arth. Trev. Troye. r Fer. r Ch. etc. *slæ* Laȝ A. *sla* Laȝ A. (wohl Schreibung für *slę̄*). *Ofslanne, sla, ofslað* Ev. (vgl. die akent. Form *ofslânne* Zupitza, Haupts Z. 21, 37) ist die ältere Stufe des späteren *slô* r Marh. 3. Troye. r Fer. rrr Ch. Serm. (vgl. Gen. u. Ex. 1937. *slon : on.* King Horn 43*: upon*) Pt. *sloh* etc. zahlreich belegt und gereimt. *ofslæh* Laȝ A. *sley* r Troye, Pl. *sluȝen* Laȝ A scheinen nach *flêah : flæh : fley*, *fluȝen* gebildet; *slew* Trev. wie oben *drew*. — PP. *islaȝe, yslawe* Laȝ A. Ev. Aȝ. rr ON. L Jesu. UsW. r Misc. Chron. rr Rob. r Sh. rr Troye. rr EE. rrr Ch. rr Fer. Trev. (Ms. α, γ); *isleȝe* Laȝ B. Ev. *isley(n) islein* Marh. Kath. AR. r Arth. r Ch. r Fer. Trev. β. Diese letzten Formen, welche aus ae. *sleȝen* oder *slæȝen* stammen, scheinen, wenigstens im späteren ME., dem Süden nicht eigen zu sein. Schon das *n*, (das vielfach durch den Reim gesichert ist) verrät den fremden Ursprung. Die vorherschende Form im Süden, und im Kentischen die einzige, ist *islawe* (aus ae. *ȝeslaȝen*); die Ev. sind, wie bekannt, nicht rein dialektisch. Auf den Reim *ysleyn : seyn (sêon)* Arth. hin darf man schwerlich *yslee* ansetzen, das aus dem Inf. *slee* gebildet sein könnte; der Reim bliebe auch so unrein.

Flea Laȝ B. Jul. Aȝ. *fleeþ* Trev. *fla* Laȝ A (Schreibung für *flê* oder Vorstufe von:) *flô* r Marh 3. – Pt. Pl. *vloȝen* Laȝ A. PP. *iulaȝen* Laȝ A. Aȝ. *flô* r Marh 3 (aus dem Prs. gefolgert, da Prs. und PP. in dieser und der V. Kl. meist übereinstimmen).

Waschen Laȝ AB. Lamb Troye. Trev. γ. r EE. AR. Sh. Ch. *weschen* Lamb. Ev. Aȝ. r Sh. r Ch. (aus ae. *wæscan*). *weosch* Imperativ) Marh. *wayschen* Trev. γ. (vgl. das Pt. *weis*). — Pt. *wosch* Lamb. *wosshę* EE (mit Kürzung vor der dopp. Kons.). — *Weosch* AR. Ev., *wesch*[1] Lamb., *weis* (wie *fleis* aus *flesc*) Lamb., *wess(e), wesh* Rob. Ch. Sh. Serm. H Rood, *wusch* (*u* für *êo*) H Rood, *wysch* Trev. γ (aus dem obigen *weis* oder aus **wîosch?*), alle diese Formen sind durch Übertritt in die V. Kl. zu deuten, der durch die Doppelkonsonanz veranlasst wurde. — PP. *iwaschen* Lamb. AR. r EE. Trev.

[1] Orrm hat gekürztes *wessh*.

(auch in *β*), *iweschen* Lamb. Ev. Sh. Aȝ. Trev. *β* (einmal). Weil es bedenklich scheinen mag, auch den letzten Beleg aus *ȝewœscen* zu erklären, so wird man vielleicht lieber eindringen des Pt.-Ablauts annehmen oder zu einem umgelauteten PP.* *ȝewescen* greifen. — sw. *weschte* r Sh. *iwasshede* EE.

Waxen Laȝ A. Marh. AR. (auch *wacsed*), Lamb. Misc. r Fer. Trev. (einmal). *wexen* Laȝ B. Ev. Rob. Misc. Arth. L Jesu. Aȝ. Troye. Trev. (schon spätws. *wexan*, worüber Sievers, PBb 9, 221) *west* (2. Sg) ON. — Pt. im Ws. *wêox* (nach der V. Kl. wegen der doppelten Konson.) Auch im ME. *weox* Laȝ A Kath. Jul. AR. plur. Laȝ A. Jul. Daneben *wôx* (so im Anorth.) EE. Sh. Rob. (nur einmal) — Pt. Plur. *woxe* EE. Trev. *wox* Laȝ B. Rob. Vielleicht sind aber diese Plur.-Formen (ausser in EE.) *wŭxe* zu lesen, so dass eine Bildung nach dem Pt. Pl. von Ic und III vorliegt; oder auch *wŏxe* mit dem Vokal des PP. *iwŏxe*, da, wie wir sehen werden, der Pl. in diesen beiden Kl. auch den Ablaut des PP. annimmt. Pt. Pl. *wuxen* Laȝ A. entweder mit der Schreibung *u* für *êo* oder Bildung nach Ic und III. Pt. Sg. *wex* Laȝ AB. Kath C. Rob. G Jesu. Trev. Sh. (geschrieben *weks*) und Plur. *wexen* Trev. sind aus *wêox* *wêx* gekürzt. Pt. Sg. *wœx* Laȝ A. *wax* Dunst. Rob. Troye. Trev. Ch. Plur. *wax* Trev. Fer. sind nach Ia, Ib gebildet. Pt. Sg. *waux* Sh. Wird man die Form (wie *faught*, *saugh* aus *fœht* *sœh*) aus einem nicht kentischen, analogisch nach der I. Kl. gebildeten Pt. **wœhs* *wœx* herleiten können? — Sw. Pt *wexed* Arth. — PP. *iwaxen* Laȝ A. AR. Lamb. EE. *iwexen* Laȝ A. Aȝ. *iwoxen* Laȝ B. Rob. Sh. r Ch. Trev VII. Dies letzte PP. ist nach Ic und III gebildet oder durch Einwirkung des *w* aus *iwaxe* entstanden (vgl. *quŏđ*, *iswore*, Pt. *worþ*). — Die Wandlung von *hs* in *ks* muss schon vor dem eintreten der Vokalisation des *h* (*seih*, *eihte*) erfolgt sein, da nirgends ein *ei* begegnet.

þwêan nur in den Ev. — Pt. *þweoh* vielleicht nach der reduplizierenden Klasse gebildet, oder nach der III. (vgl. *geseoh*, *ateoh*), wie Pt. *þweah* und PP. *unþwogenum* (gerade so die Formen von *sêon*). *Đwah*, Pt. Sg., nach der I. Klasse.

Swerie Aȝ. Rob. Trev. *γ*. r Misc. usf. *swere* (nicht. südlich) Trev. EE. r Ch. — Pt. Sg. *swôr* Jul. Rob. Aȝ. Trev.

EE. Ch. Troye. Plur. *swôre* Aȝ. Rob. r Sh. r Ch. Trev. Daneben Formen nach Ib (*beren*, *scheren*) wegen der Ähnlichkeit der Prs. u. PP. Pt. Sg. *swēr* Rob. r Fer. Ch. *swar* Ch. Plur. *suêre* Fer. Rob. — PP. stets *iswore* AR. Lamb. r Misc. r Rob. r PM. EE. r Ch. Trev. usf.

Hebben AR. Ev. Rob. Sh. Aȝ. Fer. Über *heouen*, *heuest*, *heueđ* Marh. sieh unter 1a — Pt. Sg. *hôf* Ev. Laȝ A. Plur. *houen* Ev. EE.[1] Laȝ. Daneben nach der I. Kl. *hēf* Marh. Jul. Kath. AR. Fer. EE.[2] *haf : ȝaf* rr Ch. Trev. *heaf*, *hœf (heof)* Laȝ. Plur. *heuen* Sh. Marh. Jul. Kath. EE. Laȝ. Der Sg. *heof*, Pl. *heouen* Laȝ. scheint nach der V. Kl. gebildet, vielleicht auch Plur. *huven* (*u* für *ēo*): doch passt *huven* wie das PP. *ihouen* auch zur III. Kl. (*cluven*, *icloue*). — PP. *ahafen* (regelrecht) Ev. *iheuen* (aus *hœfen* oder nach Ia) Marh. Jul. Kath. Marh 3. *ihouen* (nach III.) AR. Laȝ. Trev. *iheouen* Laȝ. (für *iheuen*) — Pt. *heued(e)* Fer. Trev. *hefde*. *hafde* Laȝ B. (schon spätws. *hefde*).

Hliehhan. Auf ws. Gebiet musste daraus *lihe* werden: Rob. Ev., *lyge* EE. *liȝhe* Laȝ A. *leȝhe* Laȝ A. (Schreibung *eȝ* für *i*); im Kentischen regelrecht *lheȝȝe* Aȝ. *hleggađ* Ev. Aus dem angl. *hlœhhan* stammen *lahȝe* Laȝ AB. *lauȝhe*, *laughe*, *lawhe*, *lauȝe*, *lauȝwe*, Trev. *lauhwen* AR. *laughe* Rob (ms. Ar.). — auch Orrms *lahhȝe* und das ne. *laugh*. — Pt. Sg. *lôh*, *lou*, Pl. *lowe* Laȝ AB. r H Leg. rr Rob. r Sh. Trev. Ch. r Fer. r Troye. — PP. und sw. Formen fehlen.

Scieppan, später *scippan*, *scyppan*, kentisch *sceppan*. Von *scippan* ist gebildet Pt. *sipte* Laȝ B.; von *scyppan* (mit gesprochenem ü) Prs. *schuppeđ* AR. Jul. Pt. *schupte* Laȝ A. Marh. Jul. PP. *forschupped* AR. Im Kentischen regelrecht *scheppeth* Sh. Aȝ. — *Schepieđ* und *ischeaped* AR. gehören zum ae. swV. *sceapian*. — Pt. Sg. *scop*, *schop* Laȝ AB. Lamb. Ev. Kath. Misc (häufig). r H Leg. r Sh. Aȝ. AR. *Sceop*, *scheop* Laȝ B. Kath. Ev. Wright und *schêp* Fer. sind nach der V. gebildet. — PP. *ischapen* Marh. Kath. Laȝ. Wright.

---

[1] Hier vielleicht besser *huven* zu lesen, nach III.

[2] Hier aber wohl besser nach der III. zu erklären *(clêf)*, da EE *ȝaf*, *waf* hat.

r Fer. Misc. Aȝ. Sh. Trev. r EE. r Ch. Vom ae. *scepen* (mit Uml.) kommt *frumscepene* Lamb. *ischeapen* Jul. B. — Über Pt. *seopte* Laȝ B sieh S. 115.

Stæppan: *stappen* Laȝ B; dazu die sw. *stapte* Laȝ. r Ch. *stapped* Rob. (Ms. Ar.). Zu *steppen* : *stepte* H Rood. — Pt. Sg. *stôp* Laȝ AB. Ev. r H Leg. Pl. *stôpen* Laȝ AB. Ev. Nach Ia wegen Ähnlichkeit mit *drepan* : *step stap* Rob. *step steap* Kath. Plur. *stepen* Laȝ A. Jul. H Rood. *steop* Laȝ B.

V. KLASSE.

Auf die alte Bildung mit Reduplikation weisen im ME. allein noch die Formen *hiyht hehte heyhte hiȝt* mit einiger Deutlichkeit hin. Diese Formen werden meist sw. gebraucht; stark stehen sie r Chron. r Fer. rr Ch. Marh 3 (*heitt*, *heist*, mit stummem normannischem *s*.)

1. Prs. und PP. meist mit demselben Vokal. Es steht *ă* in *fallen* Laȝ. Kath. Marh. Jul. AR. Misc. usf. *ifalle* r Misc. AR UsW. Kath. usf. *wallen* AR. Rob. Misc. Trev. *walken* PM. *iwalken* Laȝ A. Marh. 3. Für ws. *ea* vor *ld*, (*healdan*, *fealdan*, *wealdan*) haben Marh. Jul. Kath. nur *a* (wahrscheinlich *ā*). Laȝ A. hat *a* und *æ* (wahrscheinlich *ā*), Laȝ B. *ō* und *eo* (welches offenes *ō* oder *ē̆* bedeuten könnte). Lamb. zeigt *ā* und das jüngere *ō*, ON. hat *ō* und einmal *ā*. Die anderen ausserkentischen Denkmäler, UsW. ausgenommen, haben nur *ō*. In den UsW. findet man höchst bemerkenswerter Weise *halde* (oft! wahrscheinlich *ă*) u. *yhelde*, *yholde* (zu vgl. z. B. *yseld* 355. *ysold* 363). Aus dem ws. *ea* kann nicht *ō* werden, nur *e* und *a*, also die Vokale, welche die UsW. (14. Jhd.!!) bieten. Der in den meisten Denkmälern herrschende Vokal *ō* ist nur aus anglischem *ā* vor *ld* herzuleiten, er hat also ws. Gebiet erobert. Die Formen *halde yhelde* im 14. Jhd. werden aber nicht wohl anders verstanden werden können, als dass *hōlde* nur für die Sprache des grösseren Verkehrs und in der Schrift angenommen war, dass aber im eigentlichen Dialekt ungestört das ws. *healdan* usf. fortlebte und nur von den ungebildeten Schreibern der UsW. angewandt

wurde. Oder wäre in den Formen Verwandtschaft zum Kentischen zu erkennen? Die ne. Dialekte im Südwesten haben *hōld*. Aȝ. PM. Serm. zeigen *ea, ya, yea, ye, iea;* die Ev. *e, ea, eo;* Sh. *ea, ee, a, o,* seine RR. beweisen nichts. Ch. schreibt meist *o*, selten *e*, aber Inf. und PP. reimen mit denselben Wörtern wie das Pt., nämlich mit ae. *beald, ceald, tealde, eald, sceld, weldan* (kentisch für ws. *wieldan*). Es wird demnach für ihn *helde, yhelde* anzusetzen sein. Die Reime mit *golde, wolde* sind dann aus einem andern Dial. entlehnt. — Im ganzen Süden gilt *drêden, schêden* rr G Jesu. Diese sind durch Verallgemeinerung des umgelauteten Vokals der 2. und 3. Sg. Ind. zu erklären, Brate PBb 10, 23; auch Verben wie *lêden*, zu welchen ähnliche Pt. gehören, mögen mitgewirkt haben. Neben den gewöhnlichen (auf gleiche Weise entstandenen) *rêden, lêten, slêpen* findet man *raden* Laȝ AB. *rade : sade (sǣde)* PM. Hs. J. 227.,[1] *late* Ev. Arth (nur so). L Jesu. r Ch. ON. Rob. Sh. Troye., *ilate* Rob. r Ch. Trev., *slapđ* Ev. Die Bedeutung der *a* ist bis jetzt noch nicht aufgeklärt. Stammen sie aus ae. *ǣ* oder dem nicht umgelauteten *â* (Kluge, Anglia V.)? Oder sind sie altnordischen Ursprungs? Schwerlich werden sie einfach Schreibungen für off. *e* sein, da sie sich nur in bestimmten Wörtern finden. — *Grôwen, blôwen, flôwen, lôwen, rôwen* im ganzen Süden; ebenso *wrôten, swôwen, iswôwe, wêpen, iwôpen*. Im Westen gilt *bêten, ibête, hewe ihewe, lêpe*, Aȝ. hat *beate, byate, ybeate ybyate, lheape, lhapþ* (vgl. Pt. Sg. der III. Kl.). Die Verben mit *âw* im AE. haben *a* in Jul. Marh. Kath. Lamb. (einmal *mowen*). Ev. PM. (auch schon *mouwen*), Aȝ. Bei Laȝ A. wechselt *a, o, æ*, bei Laȝ B. steht nur *ô*. Dieses jüngere *ô* haben alle übrigen Texte. Nur einige Denkmäler mit gemischten Formen bieten daneben auch selten *a*, Trev. nur einmal *sawe*, EE.[2] *knawe, blawe*, Sh. nur *ysawe*. Höchst bemerkenswert ist die durchgängige Schreibung *aw* in Aȝ., denn sonst ist ae. *â* ausnamslos zu *ô* geworden. Danker schweigt hierüber. Michel

[1] In Sh.'s Reim *redeth : gladeth* ist wohl *gladeth* in *glêdeth* zu ändern; ae. kommt *ȝlǣd* mit langem Vokal vor.

[2] Durch den R. ist *ô* gesichert.

schreibt auch *trawes* (arbores) 94. 95. *traues* 95. *trau* 26, aber *trewe* (fidus) 101. Sh. reimt Inf. *knowe : trowe* (arbor) PP. *iknowe : trowe* (arbor), *ablowe : wowe* (*wâwa*). man findet bei ihm auch die Schreibungen *kneuth*, *fleuth*, *grewen;* er reimt das Pt. Pl. *þrewe : trewe* (fidus). Ch. reimt *knowe : trowe* (*treowian*), *blowe* (*blâwan*) : *rowe* (*rowan*). In der Editha 1700 finde ich *trawe* (*treowian*); Fer. 1186 steht *trow* (arbor) : *ynow*. (*ȝenôȝ*). Kann man für Michels *trau*, *trawes* den *au*-Laut erklären? Es müsste neben *treow* ein ae. **treaw*. angesetzt werden, wie in der That neben den Pt. *cneow*, *cneowon* nach Sievers S. 396, 5 im North.[1] *cneaw cneawun* vorkommen. Nach ten Brink, Chaucer's Spr. u. Versk. S. 32 wird ae. *eaw* im Auslaut zu *au*, im Inlaut zu *eu*.[2] Es wäre also Michels *trau* (durch Ableitung davon *traues*) und auch *trewe* (fidus, ae. *treowe*, **treawe*) erklärlich. Oder ist Michels *aw* Schreibung für *ou?* -- Für *trawe* in EE. wird diese Annahme leichter, weil hier *knowe* mit *knawe* wechselt. Wegen der Schreibungen *grewen, kneuth, fleuth* Sh. könnte man vielleicht Shorehams Reime in *knewe, blewe : trewe* (fidus und arbor) ändern, zumal *trewe* (fidus) auch mit dem Pt. *þrewe* reimt. Diese Prs. sind dann durch Verallgemeinerung des umgelauteten Vokals der 2. u. 3. Sg. zu erklären, wie *shêden, tēke* usf. Auch das PP. könnte dieses umgelautete *e* haben: *iknewe : trewe*. Der Reim *wôwe : ablowe* gehörte dann einem andern Dial. an. Aber da wir schon durch den Reim im Fer. (und durch Michels *trau*) gezwungen sind, die Form *trow* (arbor) gelten zu lassen, so werden wir uns auch nicht scheuen, für Sh. diese Form anzusetzen. Sie wird erklärt, wie *trowe* aus *treowian strowe* aus *streowian*. *Trowe* für die jüngere Form von *trau, trawe* zu halten, geht nicht an, da *au* aus *eaw* nicht zu *ou* wird (vgl. *straw* aus *streaw*). Immerhin mag Sh. auch den Reim *knewe* (Prs.) : *trewe* (fidus) gebraucht haben, sowie die Formen

---

[1] Das North. hat ja viele Berührungspunkte mit dem Kentischen.

[2] Im Auslaut zu *au* oder *ee*, im Inlaut zu *eu* oder *ou* (vgl. Ch.'s Spr. u. Versk. S. 32. 39); daher in Dialekten, wo *â* sich nicht in *ô* verwandelt oder inl. *w* vór dieser Verwandlung vokalisiert, auch *au*. Über *strawen* bei Chaucer a. a. O. S. 30. t. B.

grewen usf., obgleich auch *trowe* (fidus) möglich ist, vgl. *ortrowe* bei Stratmann.

Der ae. Unterschied zwischen Prs. und PP. bei *hôn* und *fôn* (PP. *honȝen*, *fonȝen*) wird im Me. gestört, indem sowohl die PP.-Form ins Prs., als auch die Prs.-Form ins PP. dringt. *Ho*(*n*) Laȝ AB. Jul. Ev. r ON. r Misc., *iho(n)* Laȝ AB. Marh. Jul. Kath. r Misc., *fo*(*n*) Laȝ AB. Marh. Jul. Kath. r Misc. AR. Lamb. r ON., *ifo*(*n*) Laȝ AB. Jul. Kath. Marh. AR. Lamb., *honge* Laȝ AB. AR. rr Rob. Marh 2. Aȝ. EE., *ihonge* Laȝ A. Lamb. ON. r Sh. rr Rob. Marh. 2. Aȝ. r Ch. Ev. r Misc., *fange* Laȝ B. EE. *fonge* r Ch. AR. Lamb. r ON. Misc. r H Leg. r L Jesu. r Marh 2. UsW. rrr Rob. r Fer. rrr Sh. Aȝ. Trev. (γ auch *fange*) EE. *underfang* Arth., *ifonge* Laȝ. L Jesu. Lamb. rr Rob. Trev. r Sh. Aȝ. Man sieht, *hon*, *ihon*, *fon ifon* gelten nur in den älteren Denkmälern; *fonge* etc. fanden Stütze in den Pt. und dem sw. Intr. *hanȝian*.

2. Pt. Sg. und Pl. Der ae.-Ablaut *ê* (*lêt*, *slêp*, *hêt*) ist im ganzen Süden erhalten, zahlreiche Belege und häufige RR. Die Verben *fôn, hôn* haben meist *feng* AR. Lamb. Ev. Laȝ. Misc. Marh. Jul. Sh. Rob. L Jesu. und *heng* Laȝ A. Ev. Fer. Sh. Misc. Ch. Trev. Nach Sievers, Beiträge, 1, 507, wäre für dieselben ursprünglich *ĕ* anzusetzen; jedenfalls steht im ME. auf einem grossen Gebiet langes *e*, da vor *ng* gedehnt wird. Auf jene Kürze scheinen die nicht bloss kentischen Pt. mit *i* hinzuweisen : *vyng* Aȝ. Trev. *hyng : lesyng* Troye, *: brynge : endynge* Ch. Laȝ. Trev.: es ist unmöglich, dass aus *ê* im ME. *i* wurde; wohl aber kann, wie im NE. *singe*, *English*, aus *ĕng ing* werden. — Die Pt. *fong*(*e*) Rob. Laȝ B. Misc. (*: strong*) Trev. *hong*(*e*) Laȝ B. Misc. Rob. Marh. und Kath. (aber *feng!*), Patrick. Marh. 2. *fang* Trev. β haben vielleicht, wie das nhd. *stand* statt *stund*, den Vokal des PP. angenommen. Rob. hat den Pl. Pt. *hunge*, der nicht nach Ic (ae. *sunȝon*) gebildet sein kann; denn Rob. schreibt hier nur *songe*, *slonge* usw. Die Vieldeutigkeit der me. Schreibungen *o* und *u* macht die Deutung überhaupt unsicher und schwierig.

Der ae. Ablaut *ēō* scheint me. im Süden ausserhalb Kents zu einem langen ö-artigen Laut geworden zu sein;

daher die lange Beibehaltung der Schreibung *eo*, daher die verschiedenen späteren Schreibungen *eu, o, u, oe, ue*, daher auch die seltenen Reime. Vgl. Carstens, unter *éo*. Ich führe bemerkenswerte Reïme an mit ae. *ŭ*, *ĕ*, *ea* (vor *ld*), *ǽ*, *éa*, *ȳ* und frz. *ü* aus Marh 3. Fer. Ch. Sh. EE. Rob. Troye. Die Schreibung *e* wird man daher für aussersüdlich halten; *ee* findet man erst bei Trev.! — Schreibung *eo* ausschliesslich oder überwiegend AR. Jul. Kath. Marh. Lamb. ON. Misc. Ev. L Jesu, ferner z. B. *beot, heolde, weope* Trev. *heold* Rob. *feol* Laȝ. *leup* Jul. *heuld* Trev. *hold* Laȝ A. Ch. EE. *fol* Lamb. *folle* EE. Laȝ Sh. *wolde* Misc. besonders in Hs. C von ON. *huld* Laȝ A. Rob. L Jesu. Marh 2. Trev. EE. *ful* Laȝ. Marh 2. Trev. L Jesu. Fer. *wupe* Trev. *fuld* Fer. *lup* Fer. *bute* Trev. *œ* in H Leg. *luep wuep* Trev. *beet, heeld, weep, leep* Trev. — Die kentische Entwicklung ist *îo* : *îe* : *î*; z. B. *hielde, siewe* PM. *hielde, wiop, byeton,* Ev. *hyelde, byete,* Aȝ. *lhip, vil, villen, hild* Aȝ. *fyll* Ch. Troye. *hylde* Sh. *fille, behylden* Troye. In den Reimen von Ch. und EE. steht *fell, held, wep, lep.* — Für die ae. Verbindung *éow* findet man anfangs *eow,* später meist *ew, eu;* andere Schreibungen sind *know* EE. *blowe* Trev. *iknowe* r Misc. *growen* Laȝ. *blou* Lamb. *growe* ON. *þruw* Trev *y. heuwe* Troye. *hyw, blywe, thrywe* Arth. (vgl. *dywe* = altfr. *deü*), *hywe* Fer; Ch. reimt *know : vertu.*

Weitere Einzelheiten.

1. *Lête* z. B. Laȝ. Ev. r Ch. r ON. L Jesu. Marh 3. rr Rob. Serm. Trev. r Troye. — St. Pt. Sg. *lêt* rrr Rob. H Leg. Kath. Marh 2. Trev. r Ch. PM. L Jesu. r Sh. Arth. Aȝ. EE. — Pl. *lête* Laȝ B. Kath. Aȝ. Arth. *late* Rob. (im ms. C., einmal; fehlerhaft). — St. PP. *ilête* Laȝ. AR. L Jesu. r Arth. Trev. r Sh. Aȝ. — Daneben sind sw. Formen häufig: Pt. *lette* Rob. (ausserh. des R.), H Leg. Marh. Kath. Misc. AR. (nur sw. Pt.), Lamb. ON. Marh 2. Trev. Jul. (*letest* und *lettest*), r EE. Ch. L Jesu. PP. *ilet* Laȝ. (es ist sw. aufzufassen, da die Endung *-en* nur nach *d, t* fehlt: *iwald, burst,* usf.) r Ch. PP. *lette* EE. — Infolge dieser sw. Formen mit kurzem

Vokal ist auch im Prs. das ê gekürzt : *lette* Trev. EE. *latte* Laȝ A., wie auch im ne. *lĕt.*

2. *Grǣtan* im Süden nicht belegt, vgl. auch Zupitza, Guy 379.

3. *Rêden* z. B. rr L Jesu. r H Leg. r Trev. rrr EE. *rude (u* für *ê* geschr.) r EE. *raden ræden readen* Laȝ. *redde : redde* (rǣd) EE. mit Kürzung? - Schwach: *rĕdde* Jul. Kath. Misc. Laȝ. etc. *red* EE. *readde* Jul. *radde* Kath C. Rob. Trev. L Jesu Misc. Laȝ. Marh 2., PP. *iræd irad* Laȝ. r Rob. Trev. *redde* r EE. *iredde* Trev. (der Vokal *e* muss hier durch Annahme einer me. Neubildung aus dem Inf. *rêden* erklärt werden). — Starke Formen sind vielleicht *ræden raden* Pt. Pl. Laȝ., obgleich die Schreibung *a* dagegen spricht. – Über Abstammung und Bedeutung siehe Zupitza, Guy 351.

4. *Drǣdan.* Es scheint noch einige st. Formen im ME. zu geben: PP. *adrede* r EE. (vgl. Guy 3970). Pt. Sg. *ondræd* Ev. *drede* rr EE. Pl. *adræden* Ev. – Meist sicher sw., z. B. Pt. *dredde* Jul. r EE. Trev. (muss hier Neubildung sein), *dradde* Trev. r Rob. L Jesu Marh. 2. Arth. *drade* Sh. Arth. *adrêde* Ev. PP. *ofdrĕd* PM. Serm. *adrad* r Rob. Arth.

5. *Sceâdan.* Die regelrechte Form *shôden* kommt im Süden nicht vor. *Scheden* Prs. oft belegt, z. B. rr G Jesu. *schedden* (neben *scheden*) ON. ist wohl wie *lette* zu erklären, aus dem Pt. und PP. mit kurzem Vokal, nicht aus afries. *skedda;* ebenso das ne. *shed.* – Pt. u. PP. immer sw., nur Pt. Pl. *scheden* Lamb. könnte auch stark gefasst werden. Pt. Sg. *scede* Laȝ. (reimt mit *dǣad;* daher vom Dichter wohl stark gebraucht). Plur. *schedde* AR. Misc. Lamb. *sseddest* Aȝ., PP. *isched* AR. Aȝ. *schad* Sh. Trev.

6. *Slǣpen* Laȝ. — Pt. Sg. *slêp* r Rob. Laȝ. Ch. Trev. *slup, sleop* Trev γ. *sleppe* Sh. (mit Kürzung? vgl. *leppe* Troye; in Anlehnung an sw. V., welche im Pt. lautgesetzlich kurzen Vokal haben, wie *lêden, mêten* etc.) Pl. *slepen* Ev. r Rob. – PP. *yslepe* Aȝ. Trev. *aslepe* Rob. Daneben sw. Formen: *slapte sleapte* Laȝ. regelrecht aus ae. *slǣpte,* ebenso auch *slepte* AR. Kath.; jedoch *slepte* Rob. Trev. Ch. EE. ist erst me. aus dem Prs. *slêpen* gebildet, vielleicht unter Mitwirkung

des noch bestehenden st. Pt. *slêp.* — sw. PP. *yslepte* r EE. *isleped* Trev.

7. *Hâtan.* me. *hâten* Marh. Jul. Kath. Lamb. Ev. Laȝ A (und *œ*), *hôten* Aȝ. Serm. PM. Laȝ B. AR. usf. Ein Wechsel zwischen *ô* und *ă* je nach der Person findet sich noch lang: *hôte hătst hăt* : AR. r Sh. Misc. L Jesu. Trev. vgl. *healdan*, *stondan*. Dieser Wechsel scheint am frühesten im Kentischen aufgegeben zu sein: Serm. nur *hóót*; *hăt* neben *hôt* Aȝ. PM. — In der Bedeutung *jubere* : *hôte* Trev. Sh. Rob. usf. *hete* Trev. *heot* Laȝ A. *jubet* : *hăt* Lamb. Aȝ. Kath. AR. usf. *vocari* : *hoote* Trev. Laȝ. etc. *vocatur* : *hatte* Marh. Kath. Jul. Aȝ. Ch. Trev. Laȝ. *hette* AR. Laȝ. *hiȝte* r Trev. *hăt* Trev. *hehte hœhte hahte* Laȝ. — *jussit* : *het* Marh. Kath. Jul. Rob. Serm. L Jesu Ch. Aȝ. *heet* Ch. Trev. *hehte* Laȝ. Marh. Jul. Lamb. *hat* : *sat* Ch (in *heet* : *seet* zu ändern). *heyhte* Misc. Laȝ. *heitte* Marh 3. *heist*, *heitt* Marh 3. *hette* Rob. *jusserunt* : *hete* rr Rob. *hetten* Laȝ. Aȝ. *vocabatur*: *hatte* Misc. Laȝ. *heþte* Laȝ. *het* Ch. EE. L Jesu. Rob. Trev. *heet* Trev. *heihte heiȝte* Laȝ. H Leg. *hehte* Marh. Jul. Kath. Laȝ. *hette* Aȝ. *hiȝte* Trev. *hitte* Trev. *hyht, hyght, hiȝt* r Chron. r Fer. rr. Ch. *hit* r Troye. *nominavit* : *het* Fer. *nominaverunt* : *heote*, *hote*, *hatte, hehte*, *heihte* usf. Laȝ. *jussum* : *ihote* Laȝ. etc. *vocatum* : *ihote* Laȝ. etc. — Zur Erklärung der Formen sieh Zupitza, Guy 348: von den ae. Formen *hâtte, hǽtte*, die ursprünglich Prs. sind, aber auch schon ae. als Pt. gebraucht werden, kommt *hătte*, *hĕtte.* Vom ae. Pt. *hêt* kommt *hêt, heet,* von *heht* kommt *hight, hyght*, *hiȝt*, *heist*, *heitt*, *hit.* Weil neben *hêt hette* stand, bildete man auch zu *heht* das sw. Pt. *hehte, heþte, heyhte, heihte*, *heiȝte*, *heitte, hiȝte, hitte.* Zu diesen sw. Pt. *hette* und *hiȝte* bildete man dann die Prs. *hêten, heoten* und *hehte*, *hœhte*, *hiȝte*, vgl. *mêten, mette* u. *liȝten*, *liȝte.* Aber die Verwirrung beginnt schon früher, als Zup. meint. Man sehe nur die Prs. *hehte*, *hœhte*, *hahte* bei Laȝ., das Pt. Sg. *heyhte* (mehrmals!) Misc. Laȝ. *hehte* Jul. Marh. Kath. usf. Das Pt. Pl. *hote* (nominaverunt) Laȝ. ist entweder falsch oder sw. gebildet zum Inf. *hôten.* Wie man sieht, bedeutet *hette* me. auch „jussit“, und *hatte* „nominavit“. — Auch *behâtan* zeigt sehr verschiedenartige Formen: *bihăt*

(3 Sg. Prs.) Misc. *byhetuth* EE. Pt. Sg. *beheet* r Ch. *bihet* AR. Jul. Kath. *byheet behyȝte* Trev. *bihette* r EE. Pl. *bihete* r Wright. *bihehte* r Misc.

8. *Lœc* Pt. zu *lâcan*, Laȝ A.

9. *Banni*, *bonnien*, *bonnen* r., *bannen*, *beonnen* Laȝ. – Sw. Pt .Laȝ. – PP. *ibonned* Laȝ. (reimt einmal mit *monnen*, einmal mit *Rome*, der Dichter mag also noch das starke PP. gebraucht haben).

10. *Gange* Ev. *ȝonge* Laȝ. — PP. *aȝonge* Laȝ.

11. *Hôn* Das ursprünglich starke Transitivum und das sw. Intransitivum (*hanȝian*) werden nicht genau geschieden. St. Formen in intr. Bedeutung stehen Misc. Sh. Trev. Ch. Rob. Patr. Sw. Formen vom Trans. Marh. (*hongin*). Jul. AR. EE. Aȝ. Ch. Trev. Rob. — St. PP. *ahengene* Ev. mit dem Vokal des Pt.

12. *Fôn*: 2. und 3. Sg. mit Umlaut *underfêst* : Kath. *onfêgđ* Ev. — Umgelautetes PP. (auch ae. belegt.) *underue* Kath. C. – Ein rätselhafter Imperativ: *feng* Kath. RB. – *ondervōnge* (Inf.), *onderuăngþ* (3. Sg.) Aȝ. zu erklären wie *stōnden*, *stănt*. – Sw. Formen nicht belegt.

13. *Wêpe* oft belegt. *wuepe* (mehrmals!) Trev γ. (Schreibung für *ê*) — frühme. nur stark, auch später sind die starken Formen häufig: *wêp* r H Leg. Rob. Misc. Fer. r EE. Trev. *wepen* H Leg. Rob. PP. *iwôpen* H Leg. Trev. (regelrechtes ae. *wôpen*). — Sw. Pt. Rob. r Sh. r Troye. Ch. Trev. r EE. Arth. (nur sw.).

14. *Blôwan*: PP. *iblôwen* Marh. Pt. *bleou* r Laȝ A. sw. *bloude* Laȝ B.

15. *Grôwan*. Pt. Sg. u. Pl. stark Laȝ. schwach EE. — PP. *ygrôwe* EE.

16. *Lôwe* r Marh 3. Trev.

17. *Rôwen* Laȝ. r Troye; *reowe* : *floweþ* Misc. vielleicht steckt in dem *eo* der umgelautete Vokal der 2. und 3. Sg., vgl. das S. 105 erwähnte *grewen* (ae. *grôwan*). Pt. Pl. *reowen* Ev. PP. *gerowen* Ev. Laȝ. – Sw. Pt. *rowede* Ch. Trev. *rewede* Rob. (Schreibfehler?).

18. *Flôwan*. *flouth* und *fleuth* Sh. — Pt. *fleow* Ev.

uleau AR., die letzte Form ist auffällig, weil in AR. *ea* nie geschl. *ê* bezeichnet. — PP. *byflowe* Trev. — Sw. Pt. *biflozede* Laz. *fleoweden* AR. (mit dem Vokal *ēō* des Pt.? sieh S. 115).

19. *Berôpende* Ev.

20. *Wrôted* Laz. *vnderwrote* r Misc.

21. *Swowinde* AR. — PP. *yswowe* Laz. Trev. r H Leg. r Rob. *aswowe* Ch. EE. *asswo* r EE. (: swâ). *ysowe* Fer. — Wenn me. *swounen* eine Neubildung aus dem PP. *swôzen* ist, so ist es schwerlich im Süden entstanden, wo *-n* schon früh fiel; *swoning* H Leg. S. 214. 215. *yswounyng* Rob., Pt. *swoned* Troye sind dann keine südl. Formen.

22. *Feallan*: Die Schreibungen *feolled* (Prs. Sg.) AR. *feolle* (PP) Laz A. *iueollen*, *iuollen* AR. *ifole* EE. sind wohl durch den tiefen Klang des englischen *l* veranlasst; *iuollen*, *ifole* dürfte kaum Anlehnung an *ihōlde*, *istōle* sein können. — Prs. *fulle* EE. kann ebenfalls durch das *l* erklärt werden. — Orm hat Pt. *fĕll*; auch im Süden ist Kürzung eingetreten wegen des kurzen Prs. und PP. Das Pt. Sg. wird zwar lange mit einem *l* geschrieben. In den späten Denkmälern aber steht auch im Sg. oft *fell*, *felle* (Trev. Troye. EE. Arth. Ch.); die Reime mit Kürzen überwiegen (Fer. Ch. EE. Sh.). Man findet zwar gelegentlich *heeld*, aber nie *feel!* — Die Pt. Sg. *vil*, *hild* Trev. (und Chaucers *fil*) stammen wohl aus Kent; Trev. hat auch manche andere Formen daher: *cherche*, *begge* (*byczean*) usw. — *Falle* (Pt., zweimal) EE. ist fehlerhaft. Sh. reimt *felle* (Pt. Pl.): *schelle* (debent) und *folle* : *scholle* (debent). *Schelle* kommt auch im Versinnern vor, Seite 54. Ich halte es für die Form des Opt., ae. *scyle* = altkent. *scele*. Das Eindringen dieser Form in den Ind. Pl. wurde durch den kentischen Sg. *ssel* Az. *sel* PM. *schel* rr Ch. (: *wel* 139, : *rebel* 110) mit demselben Vokal *e* gefördert; vgl. das oben über *bēron* gesagte. — Pt. *felle* in trans. Bedeutung: Troye r EE.

23. *Healdan*. Vokalwechsel im Prs. (vgl. Orm: *hăldenn*, Imp. *hăld*, 3. Sg. *hăllt*) *hōlden*, *hălst*, *hălt* AR. Rob. Trev. L Jesu. Fer., kentisch *hyalde* (etc.), *hălst*, *hălt* Az. Serm. Sh. PM. — PP. *yhuld* (einmal) Trev. *y* mit dem Vokal des Pt.

24. *Weallinde, wallinde* AR.; *welleđ* (Sg.) Lamb. mit Umlaut. — Pt. *weol* Kath. Jul. *weollen* Jul. — Sw. *wallede* Trev. *wellede* Trev. γ (*e* ist Umlaut oder Vokal des starken Pt.)

25. *Walkeđ* PM. *walkien* AR. Pt. *weolc* Kath. *weolken* Laȝ A. — Sw. Formen. Laȝ B. Trev. EE.

26. *Wealdan*, bei Laȝ. alle Formen sw. — Inf. *wealde wialde* PM. r Sh. *welde* : *wolde* (volebant) : *ealde* Misc. Dagegen *welde* Laȝ. *wealden* Kath. etc. sind vom ae. sw. *weldan, wieldan* herzuleiten; auch wohl Pt. Pl. *welde* Trev. Doch mag *wolde* Misc. starkes Pt. Pl. sein.

27. *Fealde* r Sh. *vōlde* r Fer. — Pt. *unfeold* Laȝ. *fuld* Fer. — PP. *iuolden* AR. r Fer. *byuealde* Aȝ. *vnfold* (dem Scheine nach sw.): *told* (PP.) Arth.

28. *Zuôpe* Aȝ. AR. *suape* Troye (mit nördlichem Reim). PP. *isuope* Rob.

29. *Bûan:* PP. *ibon, iboned* Laȝ.

30. *Blâwan. bloawen* AR. zeigt den Übergang von *â* zu *ô*.

31. *Mâwan.* Pt. Pl. *meowen mewen* Laȝ AB.

32. *Crâwan* Pt. Pl. *creowe* Ev.

33. *Sâwan. Seweđ* Lamb. m. Uml. Pt. Sg. *seow, sew* Lamb. r Rob. Pl. *seowen, sewe* Jul. L Jesu. Trev. r Rob. *siewe* r PM. *sowen* Lamb. (*o* für *eo*). — PP. *ysawe* Sh. *yzawe* Aȝ. darf nicht mit Morris als „*sawn*“ „gesägt“ erklärt werden (zu *saȝen* kommt me. kein st. PP. vor).; *ysowe* Trev.

34. *Clawe* ON. *clowe* Fer. — Pt. *clew* Fer.

35. *Hêawan*, nur starke Formen. — Pt. Laȝ. r Ch. r Fer. Trev. Troye. Arth. — PP. r Ch. Laȝ. r Fer. Trev. Arth. — Das sw. PP. *forheawed* r Fer. gehört zum ae. sw. V. *hēawian*.

36. *Bêatan.* Starke Formen überall häufig belegt. — Sw. PP. *ibeat* Laȝ A., stark z. B. Fer. Arth. rr Ch. Aȝ.

37. *Hlêapan.* — Pt. regelrecht *lêp, lup, leup, leop, leep, luep, lhip* Aȝ. Jul. AR. Misc. Trev. r Ch. Troye. Fer. r EE. Kath. Plur. *leope* AR. Laȝ AB. — PP. *ilepe ileope* Fer. Laȝ B. — Daneben Formen nach der III., wie bei Orm

(Pt. Pl. *lupe*), im An. (statt *hliopum* auch *hlupum*) und im Mhd. (*lufe*, *gelofen*); auch ae. schon Pt. Pl. *hlupon*. Laȝ A hat Pt. Pl. *lupe* (könnte allerdings auch für *lêope* stehen), Trev. und Fer. haben PP. *ilōpe*. — Sw. Formen: Ch. Rob. (in den jüngern Hss).

NEUE STARKE VERBA IM ME.

1. *Strieueđ* AR. 84, 20. Trev. 315, 14. aber sw. *striui* Aȝ. 65. — Pt. *strôf* AR. 398, 29. *stroof*, γ *strof* Trev. 7, 237. 4, 221. 7, 205. — Pt. Pl. *strӯue* Trev. 4, 291. 5, 89. 4, 113. 3, 285. 4, 281. *stryf*, β γ *stryue* 3, 37. Vom altfr. *estriver*. Nach II.

2. *Thrŷue* r Rob. 346. — Pt. *þrôf* Rob. 11. Vom an. *þrîfa*, nach II.

3. *Rîueþ* Misc. 20, 14. *rŷue* r Troye 1525. — Pt. Sg. *þurhrâf* A, = *rôf* B Laȝ. 23943. *torôf* B 7844. *rôf* B 26566. *torôf* Rob. 29. *torӯue* r Troye 1348. — PP. *torӯuen* : *toclouen* Troye 1443. Es verdrängt das ae. *rêofan*. Aus dem an. *rîfa;* nach II.

4. *Arrîue* r Rob. 18. — Pt. *ariuede* 91. 98. 371. Arth. 559. PP. *rӯuen* Rob. 16; vom Altfr.; nach II.

5. *Cîdan*, ae. nur sw. — Pt. Pl. *chyde* (ist aber vielleicht auch sw. zu fassen): *betydde* („es geschah") Ch. 723.

6. *Ringen* Trev. 219, 6. 6, 203. Laȝ A 16930. — Pt. Sg. *rong* Rob. 509 : *strong* 541. — Pt. Pl. *ringeden* A *rongen* B Laȝ. 24486. — PP. *irungen* Laȝ 29441 A. *ronge* Trev. 5, 413. nach Ic.

7. *Flynge* : *wynge* (Subst.) Ch. 460. vom an. *flengja*.

8. *Winken* AR. 288, 23.

9. *Spitten* AR. 48, 15; dazu sw. Pt. von ae. *spǣtan*: *spette* AR 106, 24. *spatte* L Jesu 1. 36. *spatten* Misc. 1, 272. *spatte* (Sg.) Trev. 3, 317. Nachdem das *e* verstummt ist, fallen diese Formen mit *sitten*, *săt* zusammen, und man fasst

spatte nun als starkes Pt. auf und schreibt *spat* Trev. 2, 193. 3, 283. (Plur.) 2, 195.

10. *Stikien;* Pt. *steke* („steckte") : *spēke* (Inf.) Troye 1737, gehört aber der Form nach zu *stecan* 1a. Sonst auch nur schwache Formen. Trev. 7, 237. 4, 465 („stach"!) 7, 509. EE. 1008a. 1013a. — Pt. Sg. *stike* Laȝ A. 7533 (B *stekede*) muss ein Fehler sein.

11. *Rotien.* Starkes PP. *unrotten* Trev. 7, 149 ist nördlich. Vom an. Adj. *rotinn.* In südlichen Texten immer sw., AR. 84, 5. 106, 12. L Jesu 423. EE. 1833. Trev. 2, 211. 2, 377.

12. Zu *kêpen* ist in Arth. 572 das starke Pt. Sg. *kep* gebildet, wie zu *wêpe* Pt. *wêp* gehört.[1]

13. Pt. Sg. *thonk* EE. 246a ist wohl Schreibfehler, oder es müsste nach *honge, fonge* gebildet sein. Die sw. Form steht: EE. 1228. 368a. 258a. 280a. 373a.

14. *Voluwe* (Pt. Sg.) AR. 172, 5. *hupe* (Pt. Sg.) Rob. 207 (richtige Form *hupte* 208. 209.) *todasse* (Pt. Pl.) Rob. 540 (richtig *daschte* 51.) sind Schreibfehler.

15. Auch PP. *idigge* Trev. 4, 329 β wird verschrieben sein. Das Verb geht sonst immer ganz regelmässig: Prs. *digge* Trev. 271, 21. 4, 329. Pt. *digged(e)* 5, 387. 3, 159. PP. *idigged* 237, 7. 261, 5. 4, 329.

16. Von *sawen* („sägen"), *schewen* („zeigen"), *werien* („tragen") zeigen sich nur sw. Formen. Pt. *sahete* Marh. 55a 11. PP. *isahet* Jul. 38, 14. *isawed* Trev. 3, 75. 3, 77. Die Form *yzawe* Aȝ. 255, 4, welche Morris mit „sawn" übersetzt, gehört vielmehr zum ae. st. V. *sâwan* „säen". — PP. *ishawet* Marh. 49a 18. Kath. 1561. *ischeawede* AR. 112, 26. 154, 2. *ischewed* Trev. 33, 15. 5, 289. — Inf. *werien* AR. 4, 8. 6, 8. Pt. *wered* EE. 1193. Troye 1489.

Ich werde jetzt noch, ohne mich viel zu wiederholen, einige Erörterungen über den Ablaut des Pt. und des PP. geben, auf die im vorausgehenden schon häufig verwiesen wurde.

---

[1] *Kep* auch einmal im Psalter des Shoreham-MS. zu finden, dessen Dialekt ostmittelländisch ist.

1. PRAETERITA MIT ABLAUT UND SCHWACHER ENDUNG ZUGLEICH.

Ich habe in den südlichen Denkmälern eine Reihe von Pt. starker Verba gefunden, welche teils so verstanden werden müssen, teils so verstanden werden können, dass sie neben der sw. Endung noch den Ablaut des Pt. enthalten. Diese bemerkenswerte Tempusbildung mit zwei Mitteln zu gleicher Zeit, die im ME. nur vereinzelt ist, wird in den neusüdenglischen Dialekten, wie wir sehen werden, ganz gewöhnlich, z. B. Pt. *toa'ŭrd* (ne. *tore*). Ein Vorbild mochten die rückumlautenden Verben, wie *telle, tōlde, ytōld,* geben, welche neben der sw. Endung einen Vokalwechsel hatten.

Solche Pt. sind:

scopte Laȝ B. zu *scieppan, sight* Trev.[1] zu *sēon, tehte* Laȝ A. zu *tēon, hafde* u. *hefde* Laȝ B. zu *hebban, snađde* Laȝ A. zu *snîđan, ȝefde* AR. zum Inf. *ȝiuen, sætte* Laȝ A. zu *sittan, ræste* Laȝ A. zu *rîsan* (kann nicht zu *rǣsan* gestellt werden, zu dem wegen des stimmhaften *s* das Pt. *rǣsde* heisst), *runde* (Plur.) Laȝ A. zu *rinnan, arnde* Rob. zu *eornan* (aber wohl von *ærnan* abzuleiten; in intr. Bedeutung!), *fleoweden* AR. zu *flôwan, rewede* Rob. zu *rôwan, drehde* Marh. Kath. zu *drēoȝan* (oder vom Inf. *drehen* = *draȝan* mit Umlaut, denn Marh. hat auch *drehheden*) *wellede* Trev. *γ* zu *weallan, slepte* Rob. Ch. EE. Trev. (oder me. Neubildung zum Inf. *slêpen?*), *warfte* Laȝ A. zu *hweorfan, gorden* Patr. (Plur.) zu *ȝierran* (*o* für *u* geschrieben?), *lette* Rob. H Leg. Marh. 2. Trev. r EE. zu *lǣtan* (oder vom me. Inf.), ebenso *schedde, dredde; snarchte* Marh. zu *sneorcan* (*ch* für *k* geschrieben?). Auf gleiche Weise ist zu erklären das ne. Pt. *swept* zu *swâpan*, Laȝamons PP. *iburst* und *ibursted*, Orms PP. *hofedd* (neben *hofenn*) zu *hebban,* Chaucer's PP. *broyded* und *browded* zu *breȝdan*. Das PP. *snæđde* Laȝ A. hat den Vokal des Pt. Sg. (*æ* für *â* geschrieben, wie sehr gewöhnlich); die rückumlautenden Verben haben ja auch im Pt. und PP. denselben Vokal. Oder es ist für *snædde* verschrieben, vom sw. V. *snǣdan*.

[1] Auch im Psalter der Hs. A. 4. 4, Trin. Coll. Dublin, einmal *seȝt*. (Südwestl. Dial.)

2. DER ABLAUT DER 2. SG. IND. PT.

erscheint so lange von der 1. und 2. Pers. geschieden. als überhaupt noch zwischen Sg. und Pl. geschieden wird. Ich belege z. B. *ȝulde* Kath. *chure* Jul. *vorlure*, *iseie*, *ȝulde*, *hulpe* AR. *sunge* ON. r Wright. *bede* r., *stele, speke* ON. *lore* Rob.

3. DER SG. PT. MIT DEM ABLAUT DES PLURALS ODER DES PP.

Es ist eine Tatsache, dass im Englischen vielfach der PP.-Ablaut ins Pt. Sg. eingedrungen ist, z. B. ne. *stole*, *spoke; bore*, *fought* (der Sg. hätte *faught* gegeben, der Plur. *fout* mit diphthongischer Aussprache). Jedoch unsicher erscheint es, ob je der Plur.-Ablaut in den Sg. aufgenommen ist. Man hat seither zwar keine Bedenken gehabt, Singulare wie ae. *côm*, me. *spake*, *seet*, ne. *came* usf. ohne weiteres durch Verallgemeinerung des Pl.-Vokals zu deuten. Aber bei näherer Prüfung stellt sich heraus, dass die Erklärung bei einem Teil der Fälle ganz falsch ist, bei den andern aber wenigstens näher bestimmt werden muss; denn es sprechen dann immer noch andere, gewichtigere Gründe mit, so dass es durchaus kein Eindringen des Plur.-Vokals in den Sg. schlechtweg ist. Wir haben für die Formen *beer*, *seet* etc., *baar*, *saat* etc., *sy*, *caam*, *naam* bereits oben eine Erklärung in der Annahme einer Dehnung des Sg.-Ablauts gefunden. In *côm*, *nôm* haben wir einen Übertritt zur IV. Reihe erkannt, mit welcher *cuman* wegen der Übereinstimmung von Prs. und PP. und wegen des Pl. *cômon* grosse Ähnlichkeit hatte. *Soȝ* (Pt. von *sêon*) erklärt sich leichter durch Anbildung an *slôȝ*. Sg. *ȝolde* kann lautlich aus *ȝāld* (ws. *ȝeald*) entstehen. *Funde* (wie das hd. „*wurde*") war nur möglich, weil man den Plur. *fundon* für sw. hielt; einen starken Sing. *fund* bildete man nicht (ne. *found* aus dem PP.). *Smytte*, *smyt* rrr Ch. rr Troye sind geradeso zu erklären. Bedeutsam ist, dass im Ne. nur da das *ô* des Pt. der II. Klasse beseitigt wurde, wo das Verb auf *d* oder *t* endet: *bite bit*, *slide slid* usw.; aber nur *rise rose*, *strive strove, thrive throve* usf. Ich halte also die Pt.

und PP. me. *smytte* und ne. *bit slid* für sw.; sie unterscheiden sich nicht von *light lit.*[1]

Der Plur.-Ablaut ist der schwächste im Englischen; in folgenden Fällen, wo derselbe dennoch in den Sg. übernommen zu sein scheint: *gun* Laȝ A. *bygun* Marh 3. *bygounne* r Sh. *agounne* Sh. *abowȝ* (zu *bûȝan*) r Fer. *flow* Rob. EE. *forbode* je einmal bei Trev. und Sh. *iwurđ* Laȝ A. *fought* Trev. Arth., *bound* etc. im Ne. — muss auffallen, dass immer auch das PP. denselben Vokal hat, und wir werden darin den wesentlichen Grund des Übertritts in den Sg. erblicken. — Das ne. Pt. hat entweder den Vokal des Pt. Sg. oder den des PP., nirgends ist der Pl.-Ablaut erhalten, wo er von diesen verschieden war.

4. DER PL. PT. MIT DEM ABLAUT DES SG.

Im Gegensatz zum Plur. zeigt der Sg. ein grosses Übergewicht, trotzdem der ihn charakterisierende Ablaut nur in

[1] Überhaupt verfährt man zu schonend bei der Beurteilung des ne. Verbums; während z. B. Jedermann in *let, let*, ein sw. V. sieht, bloss weil es auch me. schon mit sw. Endung vorkommt, nennt man *bid bid bid, fight fought fought, get got got, shoot shot shot* und ähnliche Verben auf *t, d* stark, obgleich sie sich im Aussehen durch nichts von *breed bred bred, hit hit hit, freight fraught fraught* und ähnl. unterscheiden. Man wird nicht behaupten wollen, dass mit dem Schluss der me. Periode die Neigung zum Schwachmachen der st. Verben aufhörte. Zudem kann man zum Beweis folgende zwei Regeln feststellen: a) Die starke Endnng *-en* im ne. PP. kann 1. bei Verben auf *d, t* fehlen (*held, got, trod*); 2. fehlt sie bei denen auf *m, n, ñ* (*come, bigun, stung*), da hier Assimilation des *-(e)n* an den vorangehenden Nasal eingetreten ist; 3. bei den darnach gebildeten (*stunk, slunk, drunk, sunk*); 4. steht sie nicht bei den PP., die den Ablaut des Pt. angenommen haben (*struck, clomb*, Shakespeares *shook, took, forsook*), was selbstverständlich ist. *-en* fehlt dagegen nicht bei den anderen Verben, wie *risen, woven, driven, spoken, taken, stolen, born, blown, fallen* usf. Die PP. auf *d, t* sind also sw. — b. Ein PP. ohne *-en* bei Verben auf *d, t* kann nicht gebildet werden, wenn nicht wie bei den sw. Verben (*hurt, lead, freight* usf.) der PP.-Vokal mit dem des Pt. übereinstimmt. Die PP. *bid, got, trod* usw. neben *bidden, gotten, trodden* usf. sind möglich, da *bid, got, trod* zugleich Pt. sind; aber ein PP. *sit, hold, lade* usf. statt *sitten, holden, laden* usf. kann es nicht geben, weil es keine Pt. *sit, hold, lade* usf. giebt. Darum sind alle PP. auf *d, t* sw.

zwei Personen vorkommt. Über die Formen *laie* (Pt. Pl.) im Kentischen und *sie* im ausserkentischen Süden ist schon früher gehandelt; auch das *ā* im Pt. Pl. Ia und Ib ist aus dem Sg. abgeleitet worden. Ich habe hier noch das Eindringen des Sing.-Ablauts in dem Plural innerhalb der Reihen Ic, II, III klarzulegen. Frühme. ist es im Süden fast beispiellos: Ev. *bœde*, statt *bude*, ist durch Verwechslung mit *biddan* zu erklären, Lamb. *iweorđen* ist vielleicht reduplizierend gebildet, wie *weorp, weorpen*. AR. kein Beispiel; denn *melten* wird sw. sein. Kath C. *iwarđen* (*tobresten* ist sw.). ON. Misc. Aȝ. Jul. Marh. kein Beispiel. Sh. Plur *orne : ǒrne* („zart") ist wohl unreiner Reim, *schelle* r. (für ws. *sculon*) ist oben durch Zusammenwirken des Sg. Ind. u. des Konj. erklärt worden. Chron. *tobraste* r. (schon die Stellung des *r* zeigt den nördl. Einfluss). Rob. in H einmal *ȝelde* ist Schreibfehler, ebenso wohl *cheson* in H und Ar. — Nur Laȝ. zeigt häufiger den Sg.-Ablaut im Plur. Der Grund ist zweifellos der, dass der Brut in einem nördl. Grenzgebiet entstand. Laȝ A. hat in Ic *iwœrđen, fœhten, fehten, feohten, feuhten, swelten, heolpen, weorpen, breoden* (zu *breȝdan*), in III *bœhȝen, biȝen, crepe, ȝeoten, biden, beiden;* Laȝ B. in Ic *arne* (vgl. Sh.), *ȝelle, swalten, breiden* (sw.?), in II *smote*, in III *creop*. Auch *braken, waren* A. *cwaþ, baren* B, (sieh S. 60) mögen den Sg.-Ablaut enthalten. — Die späteren Denkmäler, Fer. Ch. Trev. EE. Troye. Arth., sind allerdings mit nördlichen Elementen stark durchsetzt, und man kann das Umsichgreifen des Sg.-Ablauts im Süden darum nicht mit bestimmter Genauigkeit verfolgen. Doch ist nicht zu bestreiten, dass auch im Süden während des späteren ME. die Vereinfachung des Pt. eintritt. Ich brauche aus der Reihe Ia und Ib die Beispiele hier nicht zu wiederholen, sie sind oben erklärt und können bequem in den Listen nachgesehen werden. Fer. hat *fleȝe*, (für ae. *fluȝon*), *tobraste* r (aber auch *toburste* r), *waxe*, neben vielen regelmässigen Formen. Ch. *may* r., *tobraste* r, *began* r., *rod* r., *lough, logh* (ae. im Sg. *hlôh*). Trev. *may* (sehr oft, auch im Reim, 415, 13. 2, 163, 10. 417, 13. (: *away*), daneben *mowe* 1, 7, 13. 1, 15, 8 etc.) *can : man* 413, 17. (*con* 225, 18 *conne* 405, 9 ist mit ǫ-Laut zu lesen, aus ae. *cunnon*; denn ae. *ă*, *ŏ* vor *nn* wird stets *a* geschrieben. Daneben mit falscher Endung *kunneþ* 2, 159, 17. 2, 169, 2. *konneþ* 91, 5. Zu *schall* heist der Pl. stets *schul* 17, 16. 369, 5 oder *schulle* 19, 6. 369, 6. oder *schulleþ* 1, 7, 15. 129, 1 oder *schullen* 369, 7 oder *schole* 127, 18. Zu *was* nur *were* 1, 3, 10. 1, 5, 16 usf., zu *wôt* Pl. *wite* 5, 299. *weteþ* 3, 283, 4.) *halpe, halp, fauȝt, fauȝte, bygan, sprang, drank, wan, swam* (es sind wohl auch ein Teil der Formen *fond, bonde, spronge, dronke* mit off. *o* zu lesen), *schroof* (in allen Hss.!), *droof*, *rose* (nur im 7. Bd., sonst immer *rise*), *chees, fliȝ, flye, fleigh, flih* usf. (sehr oft, in allen Hss.; nur ein einzig Mal *flowe*), *slowh, lowh, wax.* — EE. (*shalle* 395a) *badde, came, songe : longe* (ae. *long*), *drouyn, cheson;* alle Formen nur einmal; zum Teil mögen sie verschrieben sein; der Reim braucht nur fürs Auge zu gelten. — Troye der Plur. *shall : all* 1678 ist das einzige Beispiel im Reim, die Formen *bad, yaf*, usf. mögen allein den nördlichen Schreibern zugeschrieben werden können. Dagegen stehen mit regelrechtem Pl.-Ablaut die Reime *shoue : loue, bere : were, were : here, fought : stought, cunne : wonne, kun : wone, mowe : avowe.* — Arth. hat die Pl. *say, ȝaf, may, wrote, smote, fly;* den alten Ablaut finden wir nur 3mal: *sete, bere : were, fowȝt.*

5. DER PLUR. MIT DEM ABLAUT DES PP. IN IC UND III.

Ten Brink setzt in seiner Chaucergrammatik für die Pt. Pl. der Reihen Ic und III offenes *o* an (*holpen, ȝolde, chosen, cropen* usf.); allerdings ist versäumt worden,[1] diese Formen durch den Druck als Analogiebildungen zu kennzeichnen, wie es sonst in seiner Gramm. geschieht. Weil bei zahlreichen Verben das Pt. Pl. und das PP. gleichen Vokal hatten, so machte man auch in der Reihe Ic und III die beiden Formen

[1] Nicht versäumt, sondern mit gutem Bedacht unterlassen, da es sich um eine durchgehende Regel handelt, die in beiden Fällen (S. 92 und S. 98) unmittelbar vor dem Formenverzeichniss ausgesprochen war. t. B.

gleich, indem man das *o* aus dem PP. ins Pt. Pl. einführte. Ten Brink giebt den Grund nicht an, der ihn veranlasst hat, solche Pt. anzusetzen;[1] Reime giebt es in den Cant. Tales wenigstens dafür nicht.

Ich kann für den Süden Beispiele für die in Frage stehenden Plur. nachweisen. Allerdings sind wegen der Ärmlichkeit in den Reimen bei allen Dichtern und wegen der zweideutigen Schreibung *o* die Beweismittel zu spärlich, um eine genaue Bestimmung der Ausdehnung dieser Neubildungen zu gestatten.

Die ältesten Denkmäler (Lamb. Laȝ. AR. Jul. Kath. Marh. Ev. PM. usf.) scheiden streng zwischen den beiden Ablauten: *ȝulde, iȝolde*; *lure, ilore.* Im Jesus MS. (letzte Hälfte des 13. Jhrd.), sieh Misc. und ON., finden wir die ersten Übertritte. Dasselbe hat noch die alte Unterscheidung zwischen *u* und *ŏ* in der Schrift ausnahmslos gewahrt. Wir müssen daher die Formen Pt. Plur. *yolde* und *lowen* mit off. *o* lesen; die lautlich berechtigten Formen stehen noch in *wurpen, wurpe, lure (: dure)*, vielleicht durch Schuld des *r*, man vergleiche die PP. (!) *forwurđen* ON. *iborsten*, (statt *ŏ*!) Laȝ. Trev. — Darauf, dass im L Jesu *holpe* aber *schulle* 408 steht, ist nicht viel zu geben, da *o* neben *u* für ae. *ŭ* geschrieben wird. — Den besten Beweis geben Roberts vier Reime von Pt. Pl. *ȝolde* mit *ssolde*, *nolde*, *wolde*, welche

[1] Man möge mir glauben, dass alle von mir angeführten Formen wirklich überliefert sind. Dass nun aber *o* im Pt. Pl. *holpen, korven* usw. als *ǫ* zu fassen ist, versteht sich — auch ohne spezielle Reime — für Jeden, der sich mit diesen Dingen eingehender beschäftigt hat, von selbst. Lehrreich ist u. a. die Vergleichung des Verbalablauts in Chaucer und in Genesis and Exodus. Aus letzterer Dichtung, mit ihrer minder vieldeutigen Schreibung, können wir lernen, dass die Ablautsausgleichung, um die es sich handelt, im ostmittelländischen Dialekt geraume Zeit vor Chaucer stattgefunden hatte. Übrigens ergiebt sich auch aus der Beobachtung der in den Chaucerhandschriften üblichen Orthographie, dass eine andere Deutung als die gegebene nicht möglich ist. Derartige Dinge lassen sich in einem Lehrbuch natürlich nicht alle eingehend erörtern; und der Anfänger, für den solches in erster Linie bestimmt ist, soll auch erst etwas lernen, bevor er zu raisonnieren beginnt. t. B.

auch mit dem PP. *yȝolde* und mit *golde* 383 reimen. Daher können wir auch für die übrigen bei ihm vorkommenden Formen *dolue, holpe, fouȝte, corue, chose, bode, ssote, flowe, browe, lore, sode, loke* offenes *o* ansetzen, und ebenso für die Formen in Bek. (*schoue, crope*). Wichtig ist auch, dass *ȝolde* geschrieben wird und nicht *ȝoulde*, wie wir aus ae. *ȝuldon* (mit Dehnung vor *ld* : *ȝūlde*) erwarten. — Auch Trev. schreibt *ȝolden*. — Dass nicht im ganzen Süden der PP.-Ablaut in den Pl. Pt. gedrungen ist, wenigstens nicht bis zum Ende des 14. Jhd., zeigen die Reime Troye *fought* : *stought* (altfrz. *estout*, ne. *stout*), *shoue* : *loue*. — Für die übrigen Denkmäler giebt es kein Mittel der Entscheidung.

Man darf hier auch an das Pt. Pl. *ȝifuen* Laȝ A. (unter Unterstützung durch *driuen* aus dem PP. *ȝiuen?*) und an *fonge, honge* erinnern.

6. DAS PP. MIT DEM VOKAL DES PT.

Partizipien der IV. V. Kl. wie ne. *stood, held* usf. mit dem Vokal des Pt. sind im ME. sehr selten: ich belegte *uorzôke* Aȝ. *onderstôde* Laȝ B. *ydrowe* EE. *ahengene* Ev. *yhuld* Trev. (*u* für *ēō*); dagegen *iswōre*, *iwoxe* stammen nicht aus dem Pt., sondern haben off. *o*.

Aus den übrigen Klassen belegte ich *yȝoulde* UsW. *ȝulde* Trev. *y. unforgulden* PM. Hs. J 59. *byswulte* r EE. *forwurđen* AR. ON. *ibursten* Laȝ A. Trev. *ischuven* AR. *ycloue* : *aboue* Fer. *ibuȝen* Laȝ A. *gute* (zu *ȝēōtan*) Laȝ A. als Formen, welche mit dem Plur. Pt. denselben Vokal haben. Ausgenommen die letzten beiden (aus Laȝ.) haben sie ganz den Anschein, als wenn sie durch den Kons. nach dem *u* bedingt wären, durch das *l, r, v*. Schon oben sind gelegentlich Beispiele einer solchen lautlichen Einwirkung gegeben: me. *murđer, durste, burhen*, ne. *burn, burst*, me. *imulten* (statt *melten*) Misc., ne. *oven* (ausgesprochen mit *ɋ*!) aus ae. *ŏfon*. Es scheint nicht ratsam, dem schwachen Plur.-Ablaut ein Vordringen ins PP. zuzutrauen.

Laȝ A. hat einmal PP. *iwan* mit dem Ablaut des Pt.

Sg. — Die Reime EE. *yfounde : tombe*, *ysonge : amonge, thronge* können uns nicht veranlassen die beiden PP. mit off. *o* dem Vok. des Pt. Sg. zu lesen; EE. hat sehr viele unreine Reime.

7. DER WECHSEL ZWISCHEN STIMMHAFTEM UND STIMMLOSEM KONS. IM PT.

Der ae. stimmlose Auslaut im Pt. Sg. von Verben wie *ȝifan, drîfan, rîsan*, usf. ist im NE. durch Einwirkung des stimmhaften Lautes im Innern der übrigen Formen auch stimmhaft geworden: *gave*, *drove*, *rose* usw. Im Süden muss dies erst sehr spät eingetreten sein. Schreibungen, welche auf die neue Aussprache hinweisen, findet man nur EE. Trev. Troye. Nämlich EE. hat im Sg. einmal *ȝaue* (sonst *ȝaff* u. *ȝaffe*), stets *rose*, ausser einmaligem *rosse*, u. *drof*, *droff, droffe : þeroffe*. Troye: *yaf* 1129. *yaue* 578. 931. *gaue* 150. 918. *clef*, *les* (zu *lēosan*), *arose*, *aroos*, *arosse, drof*, *draue* (*â* ist nördl. Ablaut). Trev. hat nur einmal *lase* (zu *lesan*) und im 7. Bde. (!) *drove* und *rose*, sonst immer *ȝaf*, *laas, roos*, *droof*, *schroof*, *chees*, *ches*, *haf* (zu *heuen*). Das späteste südl. Denkmal, Arth., hat nur *ȝaf* und *ros*. Diese Beispiele weisen deutlich darauf hin, dass der Süden auch in dieser Hinsicht beharrlicher als der Norden ist; man wird schwerlich fehlen, wenn man alle die angeführten Formen *yaue, rose*, *lase*, *droue* für nördlich erklärt.

II. DER ABLAUT IN DEN NE. DIALEKTEN DES SÜDENS.

Was während der me. Zeit schon angestrebt wurde, der allgemeine Gebrauch einer einzigen Schriftsprache, gelangt im 16. Jhd. zur Durchführung. Von nun an giebt es nur noch ganz vereinzelte und spärliche Aufzeichnungen in den Mundarten. Wenn wir daher die Entwicklung des Ablauts noch weiter verfolgen wollen, so sind wir auf die modernen Dialekte angewiesen. Aber nachdem wir durch die Beobachtung der alten Formen über die Richtung und die Art und Weise belehrt sind, in welcher die Sprache sich verändert, können wir, da wir im heutigen Dialekt den Endpunkt haben, die Zwischenstufen und die Erklärung für die jetzt geltenden Formen meist ohne grosse Mühe ableiten. Obendrein kommt uns das Schriftenglische zu Hilfe, das vermöge der grösseren Beständigkeit, wie sie einer Schriftsprache eigen ist, ungefähr in der Mitte steht zwischen dem ME. und dem neuen Dialekt; denn dieser, ganz ohne die Stütze einer schriftlichen Überlieferung gelassen, musste ungleich schneller dem Streben nach Vereinfachung unterliegen.

Leider war mir nur solches Material zugänglich, das nirgends über allem Zweifel erhaben, meist sogar sehr bedenklicher Art ist. Es empfiehlt sich daher, die Hülfsmittel einzeln nach einander vorzunehmen, um nicht das zuverlässigere mit dem sicher unrichtigen zu vermengen. Besonders wichtig wird es sein, die aus dem Schriftenglischen eingeschmuggelten Formen auszuscheiden, die namentlich in den mundartlichen Gedichten zahlreich sind.

I. Zwei sehr gute Arbeiten rühren von Elworthy her; er hat in den Transactions of the Philological Society von 1877–78 die Formenlehre und in den Tr. von 1875 bis 1876 die Lautlehre des Dialekts von West Somerset behandelt.[1] Doch bleiben auch bei ihm noch einige Zweideutigkeiten. Die Darstellung der Laute geschieht nach Ellis'scher Schreibung, die wir am besten beibehalten. Es ergiebt sich folgendes für unsere Frage:

In West Somerset wird kein Unterschied gemacht in der Behandlung der ursprünglich starken und der ursprünglich schwachen Zeitwörter (Elworthy stellt es nicht in dieser Ansicht dar). Alle bilden ihr Pt. und PP. nach folgenden Regeln (die beiden Formen sind nur durch das im PP. vorgesetzte *u-* verschieden, = ae. *ʒe-*):

1. In der Stellung vor vokalisch anlautenden Wörtern hängen alle Verben *d*, *t* an (*t* bei stimmlosem Auslaut), wenn sie nicht schon auf *d*, *t* endigen.

2. In der Stellung vor Konsonanten hängen die auf Vokal oder *r* (weil dieses vokalisch geworden ist) auslautenden Verben *d* an; die auf (jeden anderen) Konsonanten auslautenden behalten die Form des Inf. bei. Vom Ind. und Konj. Prs. unterscheidet sich das Pt. dann nur durch die Endung *-z*, welche in allen Personen des Prs. gilt (= me. *-es*, *-s*; aus dem Mittellande oder dem Schriftenglischen übernommen und verallgemeinert).

Die verschiedene Behandlung je nach dem Anlaut des folgenden Wortes beruht auf der wort- und satzphonetischen Regel (vergl. Tr. 1875—6, 209), dass auslautendes *d*, *t* nach Konsonanten (vokalisch gewordenes r ausgenommen!) geschwunden ist, z. B. in *ween (wind)*, *vuyn (find)*, *vaa·s (fast)*, jedoch bei manchen Wörtern und in der Flexion vor vokalischem Anlaut wieder erscheint, z. B. *kuyn(d)* 261. *muyn(d)* 261. *duws(t)* 260.

Nur ein schwaches Häuflein von Verben ist übrig ge-

[1] Beide Arbeiten sind auch von der English Dialect Society veröffentlicht, Series D Miscellaneous 7. 19.

blieben von der alten Herrlichkeit, die jetzt noch einen Vokalwechsel besitzen, aber auch nur neben der schwachen Endung; und zudem ist die Zahl der verschiedenen Vokale auf das geringste mögliche Mass von zweien beschränkt; der eine steht im Prs., der andere im Pt. und PP. Einen anderen Vokal im Pt. und PP. als im Prs. bewahren noch 6 ursprünglich rückumlautende und folgende 19 ursprünglich starke Verben:

Ia. *git*, *gau·t* oder *goa·ŭt*;
zit, *zau·t* oder *zoa·ŭt;*
trai·d, *troa·ŭd;*
spai·k, *spoa·k(t).*
Ib. *brai·k*, *broa·k(t);*
stae·ŭl, *stoa·l(d);*
tae·ŭr, *toa·ŭrd.*
Ic. *buyn*, *baewn(d);*
vuyn, *vaewn(d);*
gruyn, *graewn(d);*
klúm, *kloa·m(d).*
II. *vruyt*, *vroa·ŭt;*
hruyd, *hroa·ŭd* oder *hraud·;*
ruyz, *roa·ŭz(d);*
drai·v, *droa·v(d).*
III. *klai·v*, *kloa·v(d).*
kree·p, *kroa·p(t).*
IV. *stan*, *stèo·d;*
tae·ŭk, *tèok(t).*
V. — —

Es ist auffällig, dass Elw. hierbei bemerkt, alle die Verben, bei welchen ich *d, t* eingeklammert habe, liessen das *d, t* nur im Pt. vor Konsonanten fallen, alle aber mit Ausnahme von *buyn, vuyn, gruyn* behielten *d, t* stets im PP. An der Berechtigung dieser, wie mir scheint, sehr unwahrscheinlichen Ausnahme zu seinen eignen früher aufgestellten Regeln hege ich um so mehr starke Zweifel, da er in den Fr. 1875—6, S. 250 selber das PP. *ŭ-stoa·l* anführt und da die PP. von *zúl (sell)* und *tuul (tell)* von ihm als *ŭ-zoa·ul(d)* und *ŭ-toa·ŭl(d)* angegeben werden. Wie wären daneben PP. von früher starken Verben mit festem *d*, *t* verständlich!

Elworthy scheidet in seiner Abhandlung zwischen der starken und schwachen Konj. Für stark hält er noch *get, tread, sit, bind, find, grind, write, ride stand;* wenn er hätte streng verfahren wollen, hätte er mindestens noch *eat* (*ai·t*, Pt. *ai·t* PP. *ŭ-ai·t*) hinzufügen müssen, welches seinen alten Abl. bewahrt hat. Aber man sieht, die Verben enden alle auf *d* oder *t*; sie können daher im Pt. keine Endung mehr hinzunehmen. Das Anhängen eines *t* oder *d* macht aber gewiss die sw. Konj. nicht aus; *zit*, *git* usf. sind ebenso gut sw. wie ne. *sit sat sat*, *get got got* usf.[1] und *stan stèo·d* gerade so gut wie *dhingk dhau·t* (S. 45), und *eat* oder *ai·t* wie *let.*

Man muss die neusüdenglischen Verben anders einteilen: 1. Verben ohne Vokalwechsel, 2. Verben mit Vokalwechsel. Die zweite Abteilung wird von früher starken und von früher rückumlautenden Verben gebildet. Ich möchte den scharfsinnigen Kopf sehen, der bei der Betrachtung des modernen Dialekts allein die ursprüngliche Verschiedenheit der Verben der 2. Abteilung auch nur ahnte, z. B. einen Unterschied in der Konjugationsart entdecken könnte zwischen *stae·ŭl stoa·ŭl(d)* = ne. *steal* und *tuul toa·ŭl(d)* = ne. *tell.* Folgt: alle Verben sind schwach geworden.

Es könnte vielleicht scheinen, als ob in der Stellung vor konsonantisch anlautenden Wörtern alle Verben auf einen Kons. (ausser *r*) stark genannt werden müssten, auch die früher schwachen z. B. *tuul* (*tell*) *toa·ŭl*, *zúl* (*sell*) *zoa·ŭl*, *kĕep* (*keep*) *kĕep.* Dann wäre nach dem grossen Kampfe zwischen der st. und der sw. Konj. ein ganz eigentümlicher Vergleich zu Stande gekommen: in der Stellung vor Vokalen gehörten dieselben Verben der sw., in der Stellung vor Konsonanten der starken Konj. an. Diese Deutung beruht aber auf der bedenklichen Voraussetzung, dass das Wesen der sw. Konj. in dem *d, t* stecke. Wenn anders aber die Bildung der Tempora mit Hülfe von Suffixen überhaupt das Merkmal der sw. Konj. ist, so sind auch in der Stellung vor Konso-

---

[1] Vgl. die Ausführungen auf S. 117.

nanten alle Verben schwach: denn Prs. und Pt. unterscheiden sich vor Kons. noch durch die Prs.-Endung *-z*, z. B. Prs. *aay ai'tz (I eat)*, Pt. *aay ai't; aay kúmz (I come)*, Pt. *aay kúm*.

Die Entwicklung seit dem Ende der me. Periode wird ungefähr folgende gewesen sein. Die starke Konj. mit ihrer Minderzahl von Vertretern gegenüber der grossen Übermacht der sw. Verben, die durch zahlreiche Neubildungen immer mehr anschwoll, befand sich im bedeutenden Nachteil. Dazu kam noch, dass durch die verschiedene lautliche Entwicklung der gleichen Vokale in verschiedenartiger Umgebung die geschlossenen Konjugationsreihen der älteren Zeit gesprengt wurden; z. B. *bēodan* und *flēoȝan* die ae. noch fest zusammen hielten, geraten im ME. vollständig auseinander. Dadurch wird die st. Konj. allerdings reicher an verschiedenen Vokalen; aber diese Reichhaltigkeit trägt in sich den Fehler der Kraftlosigkeit. Eine ganze Menge von Verben, die sich zu weit verirren, verlieren allen Halt, den ihnen die grosse Schaar der zur selben Ablautsreihe gehörigen Verben früher bot; sie sind es — *spurnan, murnan, friȝnan, breȝdan* und ähnliche — die am leichtesten der sw. Konj. zum Opfer fallen. Und was man mit der Zeit an Vokalreichtum gewonnen hatte, muss schliesslich wieder, weil es nutzlos und lästig ist, aufgegeben werden. So kommt es, dass am Schluss der me. Zeit die Zahl der Ablautvokale in den einzelnen Verben auf das Mass von höchstens 3 eingeschränkt ist: *wrîte, wrôt, iwrīte; swimme, swăm, iswŏmme* usf.; *fly, fly, iflowe; holde, huld, iholde* usf.; *ēte, êt, iyēte* usf. Während zugleich immer mehr Verben der sw. Konj. unterliegen, hilft man dagegen dem Ablaut von Ia wieder etwas auf, indem man den Vokal *ō* aus den PP. anderer Reihen einführt: *ispoke, itrode,* usf. schon im ME., im NE. kommt sogar *isōte* hinzu (zu *sittan*). — Nun aber, in ne. Zeit, wird der Kampf zwischen Pt. und PP., der schon im ME. hier und da mit wechselndem Glück geführt wurde, zum letzten Male aufgenommen und auf allen Punkten durch Vernichtung der einen Form auch zum Austrag gebracht; wie sich unten bei der Erklärung der Formen zeigen wird, ist bald das Pt., bald das PP. der Sieger, aber immer erweist sich der tiefere

Vokal als der stärkere. Die grösste Anzahl der Verben ist jedoch unterdessen schon vom Kampfplatze verschwunden, da sie schwach geworden waren. Bei den 19 übrig bleibenden st. Verben blieb das geringste mögliche Mass vom Ablaut, nämlich zwei Vokale. — Als nun die Lauterscheinung eintrat, dass auslautendes *d* oder *t* nach einem Konsonanten (ausser *r*) vor konsonantischem Anlaut des folgenden Wortes schwand, unterschieden sich die st. Zeitwörter in dieser Satzstellung nicht mehr von den rückumlautenden sw., die ja auch, zwar aus anderen Gründen, zwei verschiedene Vokale besassen; *tell*, *sell* mit ihren Pt. *tōl(d)*, *sōl(d)* stellten sich z. B. neben *stēl stōl*. Was war nun natürlicher als dass man darum den paar st. Verben in der Satzstellung vor Vokal, wo es *tōld*, *sōld* usw. hiess, auch ein *d*, *t* anfügte, falls die Verben nicht schon auf *d*, *t* endigten. Denn die Pt. *got*, *zot* usf. hatten schon längst das Aussehen von sw. wie *brought, thought*. Dass *tear*, das einzige früher starke Verb auf *r* mit noch heute erhaltenem Ablaut, dann auch das *-d* vor Konsonanten zusetzte, nimmt uns nicht Wunder.

Bei der Erklärung der Formen beginne ich mit dem Prs. und den Pt., welche denselben Vokal zeigen. Die Zahlen für die Belege bezeichnen die Seiten in dem Trans. 1875—6, die ich zur Ergänzung heranzuziehen gezwungen war. Die meisten Formen erklären sich ohne weiteres aus dem me. Prs. Besondere Bemerkungen bedürfen nur die folgenden:

Ia. *Vraet* 264 zeigt dieselbe Kürzung wie ne. *fret*, wahrscheinlich unter Einfluss des sw. Pt.; denn *ai·t*, wie ne. *ēat*, hat die Länge bewahrt, weil — was die ne. Praeterita annehmen lassen — es länger stark geblieben ist.[1]

Gee Pt. *gid*, muss das *v* zuerst im sw. Pt. verloren haben, durch Assimilation an *d*, und dann durch Analogie auch im Prs. — Der Klapper im Anl. stammt aus dem schriftengl. *give;* das me. *ȝiuen* müsste einen Schleifer ergeben.

---

[1] Gerade so kommt me. eher *schedden*, als *letten* vor; und *let* ist eher gekürzt als *tread*, wie die Schreibung zeigt.

Git kann ebenfalls nicht aus me. *ȝĭten* erklärt werden. Es kommt von *gēte*, welches ja, wie oben gezeigt wurde, schon me. in den Süden eindringt. Daraus *gĕt*, vgl. die Kürzungen in den von Elw. Seite 248 angeführten Beispielen. Dann zu *gĭt* erhöht, vgl. die Beispiele S. 248. 249. Vielleicht ist auch Anbildung an *zit* dabei im Spiele wegen der Prt. *gau·t* u. *zau·t*. Die Kürze gilt schon in der ersten Hälfte des 17. Jhd., wie aus einem dialektischen Gedichte der Zeit aus Devonshire erhellt: Engl. Dial. Soc. D 25, Seite 7 und 8; dort stehen die Reime *gett : vitt* (ne. *fit*) und *gett : vett* (*fetched*).

Ib. Elw. giebt *kaum* und *kúm* an. Ersteres regelrecht aus *cuman*, wie *zau·m* 238 aus ae. *sum*. Die 2. Form ist wohl nichts weiter als schriftenglisches *come*; schwerlich kommt es von *cyman*, wenn man auch die Formen für ne. *gild, slip, pit* 59 vielleicht daneben stellen könnte.

Ic. *Fai·t* 236 regelrecht aus me. *fighte fīte*, vgl. die Formen für *light, night, bite, five* 236.

Die Vokale in *uurn* (*run*) 259, *buurnd* 259, *uulp* (*help*) 259, *muurn* (*mourn*) 259, *buus* (*burst*) 259, *zwuul* (*swell*) 258 sind durch das folgende *l* oder *r* gefärbt und ebensowenig wie in den schriftengl. *burst* und *burn* aus dem Pl. Pt. zu erklären; vgl. Elw. 258. 259, wo zahlreiche andere Beispiele sind.

Klúm (= *klèom* 253) und *zwèom* 253 sind lautliche Entwicklungen aus *clĭmben* (mit kurzem *i!*, ohne Dehnung) und *swimmen*, vgl. die Wörter *brim, rim, slim* usf. auf derselben Seite.

II. *Hrĕep* 243 nicht von *rîpen*, sondern wie das ne. *reap* von einem me. *rêpen;* mit Kürzung wie *zwĕep* und andere.

III. *Vluy* 265 aus *flēoȝan*, *vlee* 241 aus *flēon*.

Zuok 257, schon me. aus *sūcan* wegen des *k* gekürzt.

Chèo·z und *lèo·z* 246 setzen wie die ne. *choose* u. *lose* ein geschl. *ô* voraus. Daneben giebt es ein *lau·s* aus *losian* oder vom Subst. *lau·s* (ne. *loss*) 239; auch besteht ein Inf. *lau·st* (vgl. Engl. Dial. Soc. D 25, 80.), der (wie ne. Prs. *must* aus *mōste* u. dialektisches *mid* aus *might*) aus dem Pt. *loste* gebildet ist.

Shuut 260 mag eine me. Form mit geschl. *ô* voraussetzen, wie ne. *shoot*, vgl. *remove*, *roof* 260.

Krŏap, 250 (*creep*), welches neben *kree·p* vorkommt, hat den Vokal des PP. durchgeführt. Mit Kürzung, wie oft vor *p*.

IV. *Staap* 228 aus ae. *stæppan*, me. *stappen*.

Ai·v 236 aus me. *heuen*.

Stan (*stand*) hat sein *d* lautgesetzlich verloren.

Flaa·y, *slaa·y* 229 aus den PP. *flæȝen*, *slæȝen* gebildet, wie ne. *flay*, *slay*; im ME. noch nicht belegt.

Shee·ŭk 244, *shee·ŭv* 245, *shee·ŭp* 244 sind durch Einfluss des *sć* zu erklären aus me. *shāke*, *shāve*, *shāpe*; das erhellt deutlich aus den Beispielen auf S. 244 u. 245: *ee·ŭ* steht für schriftenglisches *ēa*, *ĭ*; für *ā* nur wenn *sc*, *c*, *g* vorausgeht. *Shae·ŭk* 232 muss für die nur dialektisch gefärbte Form des schriftengl. *shake* angesehen werden.

V. *Ang* 224 aus me. *hangen*.

Lat 225 aus *lêten* gekürzt

Zwĕep = ne. *sweep* mit Kürzung. Mit Hülfe des Pt. *swepte* zu erklären: dieses ist gleich starkem Pt. *swêp* + *te* Man hatte also *swôpe*, *swepte* und bildete dafür in Anbildung an *weep*, *wepte* den Inf. *sweep*. An Verallgemeinerung des Umlauts der 2. u. 3. Sg. Prs. wie in *scheden*, *leten* usf. darf man nicht denken, da man dann **swǣpan*, me. **swêpen* mit off. *ê*, ne. **sweap* erhalten müsste.

DIE VOKALE DER VOM PRS. VERSCHIEDENEN PT. UND PP

Ia. Die Vokale stammen aus den analogisch entstandenen jüngeren PP. *ispōke*, *itrōde*, *igōte*, *isōte* die zum Teil erst in ne. Zeit gebildet sind.

Ib. Es gilt der Vokal des PP. wie im ne. *tore*, *stole*, *broke*. *Bae·ŭr (bear)* hat den Ablaut verloren; das *ŭ-bau·rnd*, welches Elw. anführt, ist, wie an dem unsüdlichen *n* sofort klar wird, dialektisch angehauchtes Schriftenglisch (gerade wie *ŭ-duund*, = *done*).

Ic. In *kloa·m(d)* wie im ne. veralteten *clŏmb* stammt

der Vokal aus dem Sg. Pt., in *baewn(d)*, *vaewn(d)*, *graewn(d)* wie in den entsprechenden ne. Formen aus dem PP.

II. Der Ablaut des Pt. Sg. ist erhalten. *Hraud·* mit Kürzung.

III. Das PP. hat gesiegt, wie im NE. *chose* (aus *chōsen*).

IV. *Stèo·d*, *tèok(t)* aus dem Pt., nur letzteres mit Kürzung.

Es ist oben schon angedeutet, dass überall der dunklere Ablaut gesiegt hat; die Ablaute weisen auf me. *ŭ*, off. *ô*, geschl. *ô*, off. *ō* hin. Nur bei einem Wort könnte ein Zweifel sein, ob wirklich der hellere Laut unterlegen sei, bei *climben*. Hier stand das Pt. *clŏmb* gegen das PP. *iclumbe*. Während me. *ǫ̆* und *ǭ* sehr lange erhalten blieb (*ǫ̆* bis auf den heutigen Tag und *ǭ* bis zum Schluss der me. Zeit), entwickelte sich *ŭ* (denn ich setze für unseren Dialekt *ŭ* an wegen der kurzen Prs.-Form *klúm*) auf dem Wege über *ų*, *ǫ* zu *ʋ* sieh Trautmann, Sprachlaute etc., Leipzig 1884, Seite 164. Wie aus der Tafel bei Trautmann, S. 40 sofort ersichtlich ist, ist *ʋ* höher als offenes *o*. Unsere Regel, dass überall der tiefste Vokal die Oberhand bekommen habe, besteht demnach auch für *climben* zu recht, wenn, was recht wahrscheinlich ist, das PP. *iclumbe* (mit dem immer höher werdenden Vokal) durch das Pt. Sg. *clŏmb* (oder *clōmb*, dann mit immer tiefer werdendem Vokal) erst verdrängt wurde, nachdem das *ŭ* einen höheren Laut erhalten hatte als das *o*.

Es ist leicht zu sehen, aus welchem Grunde der dunkle Vokal diesen Vorzug verdiente. Bei weitaus den meisten Verben und grade alle denen, welche jetzt noch einen Ablaut besitzen, stand im Prs. ein heller Vokal; weil sich von diesem der dunkle am meisten unterschied, war es das beste, ihn beizubehalten. Man bewahrte also die beiden Extreme. Gelegentlich kam bei der Wahl zwischen Pt. und PP. auch der Umstand hinzu, dass eine der Formen den gleichen Vokal mit dem Prs. hatte (z. B. in *take*, *stand*).

II. An Exmoor Scolding and Courtship.
Hgg. von Elworthy, Engl. Dial. Soc., Series D 25.
Elw. giebt einen Abdruck der Ausgabe von 1778 und

eine Umschrift im heutigen Dialekt; in beiden Fällen ist es die Mundart von Devonshire. Sehr wichtig für die Beurteilung der nachher hier zu behandelnden Hülfsmittel sind die Besserungen und Anmerkungen, die der Herausgeber gelegentlich gegeben hat. Ich gehe die einzelnen Beispiele hier nach einander durch:

PP. *took* 24 der alten Fassung (vor Vokal) bessert Elw. in *ŭ-tèokt.*

PP. *hang'd to* 24 in *ang tu.*

PP. *set* 50 (= ne. *set*) in *ŭ-zaut;* denn *sit* und *set* sind im Dialekt zusammen gefallen.

Pt. *struck out* 102 in *strèokt aewt.*

Pt. *begun* 82 in *bigeend;* „*begun* is literary, not dialect."

PP. *bound over* 82 in *ŭ-baewn oa·vur.*

PP. *arun* 80 in *ŭ-uurn.*

Pt. *sung* 90 in *zingd;* „*sung* is literaryism."

PP. *taken* 90 in *ŭ-tèokt;* „*taken* is impossible."

Prs. *shake* 76 in *shee·ŭk;* Pt. *roze* 82 in *roa·zd.*

Pt. *fell* 102 in *vaald;* „*fell* is unknown".

Pt. *avung* 52 in *ŭ-vañgd*, die Form *avung* sei jetzt veraltet, doch das Verb ganz gewöhnlich: *vang, vangd, ŭ-vangd.* — Seite 97, Anm. 48: „*always ŭ-tèokt.*"

Hierzu füge ich noch:

Ia. *zee* 25, Pt. *zeed* 42, PP. *azeed* 44. — *vorbed* (*vur-bai·d*) 106, Pt. *bed* (*bai·d*) 42.

Ib. *come* (*kaum*) 26, Pt. *come* (*km*) 94 und *come* (*kaum*) 102.

Ic. *drenk* (*draengk*) 82, im westlichen Somerset heisst es *dringk.* — *drash* (*draash*) 34, Pt. *drash'd* (*draa·shd*) 80.

III. Inf. *lost* (*lau·st*) 80. — PP. *avrore* (*ŭ-vroa·r*) vor Vokal! 36.

IV. *laughing* (*laar·feen*) 42. — Pt. *tuck* (*tuuk*) 82.

V. *drow* (*droa·*) 44, PP. *adrode* (*u-droa·d*). — Pt. *blow'd* (*bloa·d*) 42. — *let* (*lat*) 82.

Man sieht, Elw. korrigiert nach der von ihm aufgestellten Regel des *d, t;* allerdings auch nicht immer: *es km ulaung* 95. *avroa·rur* 37. Daraus ergiebt sich, dass die Regel nicht mit Strenge beobachtet wird. Man vergleiche seine Anmerkung 24, 5: „PP. *took* would be *ŭ-tèokt*, if written or pronounced in full."

Wir erhalten ausserdem noch ein 20. Verbum mit erhaltenem Ablaut durch die Pt.-Form *struck* (*ŭ-strèokt*); in der Somersetgramm. ist es nicht angeführt. Das *èo* weist auf älteres geschl. *ô* zurück, vgl. *stèo·d*, *tèok(t)* und die zahlreichen Beispiele auf S. 53 der Engl. D. S. Series D 7, (ne. *hook, look, cook, pook, rook, crook*). In älteren ne. Denkmälern findet man *strook* (statt des heutigen *struck*), gerade wie *took, forsook, shook, stood*. Im modernen Leicestershire-Dial. (sieh Engl. Dialect Soc. 31, 28) heisst es *strike, strook, strook, shake, shook, shook*. Alle diese Formen deuten auf einen Übertritt in die 4. Ablautreihe hin. Die Pt. der Verben *awake, take, shake, strike, stand* stehen auf verschiedenen Stufen der lautlichen Entwicklung. Sie gehen aus von me. geschlossenem *ô*. Die älteste Stufe ist erhalten in *awoke* (wegen des *w*; erst in jüngster Zeit ist *ô* zu *ou* diphthongiert). Dann folgt die Stufe *ŭ* (mit Kürzung aus *û*, der regelr. ne. Vertretung von me. *ô*) in ne. *took, stood, forsook, shook,* und im Leicestershireschen *strook, shook*. Die jüngste Stufe ist *ɐ* (die Fortentwicklung des gekürzten *u*) im südlichen *tèokt stèod, strèokt* und in dem schriftengl. *struck*.

III. Jennings. Observations on some of the dialects in the west of England, particularly Somersetshire, Lond. 1825.

Seite 3 seiner Einleitung erklärt er den Dialekt von ganz Somersetshire und Devonshire für übereinstimmend, was sicher nur in beschränktem Umfange richtig ist. — Er beobachtet Elworthy's Regel vom *d, t* nicht. Abgesehen davon stimmen folgende Formen mit den von Elw. angeführten:

Ia. *zee* 85. 98, *zid* 85, *zid* 85. *gee* 39. 103, *gid* 39. 93, *gid* 39. *get* 58, *got* 115, *got* 102. Pt. *bid* 116.

Ib. *come* 104. *com'd*[1] D 105, C 112, V 119. 148. *break* 103, *brauk* C 121, PP. *taur* V 160.

---

[1] D bedeutet vor Dental, C vor anderen Kons., V vor Vokal.

Ic. *clim* 30. *begin* 133, *begin'd* D 101. 149. Prs. *mult* 56 Pt. *ring'd* C 99. *vleng'd* V 122. *vound* V 99 117. *voun* V 104. 115. 137. *voun* C 121. *bust* 120. *hirn'd* C 121.

II. *dreav* 128. *sife* 92. (aus me. *siȝhen* „seufzen"; vgl. ne. *enough, laugh* und die Beispiele aus Somerset, Transactions 1875 6, S. 238: *au'f* = *ought, thau'f* *though*), Pt. *drauv* V 117. *rawze* C 93, V 149. *rawd* 148.

III. *choose* 113. *choos'd* V 102. C 110. *craup* V 91. PP. *alost* 22.

IV. *awake* 92. *tâk* 138. *astanin* (Part. Prs.) 98. Pt. *awâk'd* C 93. *took'd* C 99. *took* V 150. *stood* 99. 112. *laugh'd* V 136. *drâw'd* V 142. *stapp'd* C 173.

V. *bihawld* 92. Pt. *vall'd* D 112. *knaw'd* V 98, C 140. PP. *drode* 35. *zweept* 159.

Es weichen ab: Pt. *begun : fun* 143. *fout* XIV. *slid* 156. *swaur* 150. PP. *unbidden* 177. *spawken* 97. *vorlorn* 92. *sworn* 134. *laden* 158. *knawn* 140.

Die PP. kennzeichnen sich sofort als schriftenglisch, denn in südl. Dialekten sind einheimische PP. mit *-en, -n* nicht möglich. Auch das Pt. *begun* ist sicher falsch und dem Reim zu liebe gewählt; denn im Versinnern steht das sw. *begin'd*. Darum werden wir uns auch bei den übrig bleibenden 3 Formen *fout*, *slid*, *swaur* auf Elworthys Angabe, Transactions 1877—78, 187, verlassen, wonach die Verben sw. sind.

Dagegen mit Elw. übereinstimmendes sw. Pt. ohne Ablaut haben 19 Verben; abweichend ist nur, dass sie auch vor Konsonanten die Endung *d, t* haben. Und 10 Pt. mit Ablaut passen zu Elworthy's Ausführungen; nur dass sie vor Vokalen die Endung *d, t* nie haben. Wir stehen hier vor den 3 Fragen:

1. Hat Elw. mit der *d-, t*-Regel für seinen Dialekt ein Gesetz aufgestellt, das ihm in dieser strengen Fassung fremd ist?

2. Sind die Formen wie *brauk't*, *drauv'd* (vor Vokalen) und *begin' hirn'* (Pt. vor Kons.) erst nach 1826 gebildet worden?

3. Hat Jennings die Formen *brauk't* usf. vermieden, weil sie ihm, dem Gelehrten, falsch und barbarisch schienen, und die Pt. *begin'* usf., weil sie dem Leser der Gedichte schwerer verständlich waren als *begin'd*?

Die Form *took'd*, welche ihm einmal entschlüpft ist, zeigt, dass er auch *drauv'd brauk't* gekannt haben muss. Weil er neben dem von ihm bevorzugten *child* gelegentlich (z. B. 175) auch die dialektische Form *chile* gebraucht und neben *vound* auch *voun*, so ist auch wahrscheinlich, dass er die Pt. *begin'* usf. kannte. Frage 3 ist also zu bejahen und 2 zu vereinen. Die Entscheidung für die 1. Frage wird wohl in der Mitte liegen, so, dass Elw. zu künstlich und strenge verfährt und Jennings den Dialekt nach dem Schriftenglischen umformt und ein Kauderwälsch daraus macht; man vergleiche, wie Elw. selber im Exmoor Scolding einige Ausnahmen durchlässt.

IV. Drei Arbeiten von Barnes.

1. A Grammar and Glossary of the Dorset Dialect, in Trans. Phil. S. 1864.

2. Poems of Rural Life in the Dorset D., 1847.

3. Homely Rhymes, London 1859.

Mit Elw. stimmen überein (abgesehen vom Auslaut.)

a) Verben ohne Vokalwechsel:

Ia. *zee* 2, 193. *zeed* 3, 200. *azeed* 1, 30. 2, 195. — PP. *awaïgh'd* 3, 54.

Ib. *come* 2, 193 (: *hwome*, ae. *hâm*). Pt. *come* C 3, 200. (: *hwome*) 3, 34. PP. *acome* C 3, 4. V 2, 198.

Ic. keins.

II. Pt. *slided* 1, 29.

III. Prs. *lose* 2, 196. (: *choose*) 2, 158. Pt. *lost* C 2, 185. PP. *alost* 2, 157. C 2, 11. D 2, 8.

IV. *steppèn* 2, 1. *stepp'd* V. 2, 145.

V. Pt. *flow'd* 2, 110. *blowed* 1, 29. *crowed* 1, 29. *growed* 1, 29. *knowed* 1, 29. *drowed* 1, 29 *glowed* 3, 25. PP. *agrow'd*, 3, 68. *aknow'd* 3, 45. *adrow'd* 2. 197. *auverflow'd* 2, 108.

b) Verben mit erhaltenem Ablaut:

Ia. *get* 2, 192. *got* 2, 195. *agot* 2, 192. - *treaddèn* 3, 136. *trod* 3, 62 3, 30. *atrod* 3, 57. *speäk* 3, 204. *spoke* V, 3, 147. PP. *spoke* 3, 198. *zit* 3, 31. *zot* 3, 65. *azot* 3, 5.

Ib. *brēak* 1, 26. 2, 110. *breäk* 1, 44. *broke* V 3, 59. 3, 144. 3, 9. C 3, 9. *abroke* 1, 44. 3, 8. 3, 115.

Ic. Pt. *clomb* V 3, 27. 3, 198 *vound* V 3, 27. *voun'* V 3, 55. C 3, 146. PP. *abound* 1, 30. 3, 151. *boun'* 3, 194. *avoun'* C 3, 141. *avound* 1, 30. 3, 46.

II. Pt. *rose* V 3, 5. D 3, 133. *wrote* 3, 130. *rod* 3, 25. *drove* 3, 49. 3, 125 *struck* 3, 79. PP. *awrote* 3, 131.

III. Prs. *creep* 3, 113. Pt. *crope* 1, 29.

IV. *took* V 3, 202, C 3, 2. *stood* 3, 4. PP. *atook* V 3, 45. 2, 109.

Von Beispielen, dass der Ablaut im Gegensatz zu Elw. fehlte, giebt es nur eins: *climb'd* C 3, 62. (vgl. das NE.)

Beispiele für im Gegensatz zu Elw. erhaltenen Ablaut:

Ia. *lay* V. 3, 145. 3, 79. *given* 3, 6.

Ib. *bore* C 3, 62. 3, 23. V 3. 36. *abore* V 3, 68. Auch *awore* 3, 79.

Ic. Pt. *spun* C 3, 109. *begun* C. 3, 193. V 3, 155. *sprung* 3, 24. *flung* 3, 84. *wrung* 3, 35. *zung* 3, 194. *clung* V 3, 80 *rung* 3, 70. *swung* 3, 165. *zunk* 3, 104. PP. *begun* V 2, 193. *awon* 3, 141. (: *adone*) 3, 112. *flung* 3, 28. *asprung* 3, 9. *azung* V 3, 101. *aswung* 3. 9. *azunk* V 2, 107. 3, 17. *run* V 2, 192.

II. *shone* (: *stwone*, ae. *stân*) 3, 64. *smote* 3, 30. PP. *smitten* 3, 28.

III. [PP. *avroze* V 3, 34. *avrore* 1, 41 in Exmoor Sc. auch von Elw. anerkannt. Nicht Ablaut, aber Vokalwechsel in *shot* 3; 130. *vled* 3, 30. *ashot* 3, 193 *avled* 3, 194.]

IV. *shook* V 1, 112. *vorzook* 3, 38 *hove* 1, 29. PP. *ashook* 2, 105. 3, 183. *vorseäken* 3, 61. *aslaïn* 1, 31.

V. *held* V 3, 203. 3, 136. 3, 144. *vell* C 3, 108 V 3, 35. *hung* V 2, 109. *knew* (: *shoe*) 3, 37. *ablown* 3, 132. *mown* 3, 174. *beaten* 3, 18. — Und für ne. *scraped* Pt. *scrope* 1, 29.

Was die Beurteilung dieser Verschiedenheiten unsicher

macht, ist der Umstand, dass Elw. und Barnes verschiedene, allerdings dicht benachbarte Dialekte behandeln. Einige Formen zwar verraten sich sogleich als schriftenglische Eindringlinge: PP. *aslaïn, vorseäken*, *smitten*, *given, ablown, mown, beaten*, *knew* (*: shoe*) neben dem richtigen *knowed.* Aber alle die abgelauteten Pt. und PP. für schriftengl. zu halten, wäre doch wahrscheinlich zu kühn. Sicher dialektisch ist das Pt. *scrope.* Zudem ist bemerkenswert, dass die Pt. der Ic-Reihe *begun, sprung*, *clung*, *zunk* usf. ausnahmslos *u* haben und nie *a*, welches im Schriftengl. ja bei den meisten mit *u* wechselt. Vielleicht sind diese Pt. mit *u* also dem Dialekt gemäss. Ferner haben die PP. *abore*, *awore* ein dialektisches Aussehen (ohne *n!*). Man darf sich jedoch nicht wundern, wenn man durch solche Überlegungen irre geführt wird. Die modernen dialektischen Dichter bedienen sich alle einer künstlichen Sprache. eines Gemisches aus der Mundart und der Schriftsprache. Und es mag nicht anders möglich sein. Ja man kann wohl geradezu sagen, es giebt in den kultivierten Ländern keinen auch nur einigermassen reinen Dialekt mehr. Denn die Bildung, welche vermittelst der Schriftsprache in der Schule allen Schichten der Bevölkerung mitgeteilt wird, färbt die Sprache eines jeden Dialektredenden, so dass eine Reihe von Stufen besteht, vom gewöhnlichen Arbeiter zu den höher gebildeten hinaufgehend.[1] Möglich also, dass die zuletzt angeführten Formen wirklich dem strengeren Dialekt der untersten Volksklasse noch angehören und dass der Dorsetdialekt noch auf einer älteren Stufe steht als der von Somerset. Möglich aber auch, dass sie nur im Munde der Gebildeten bestehen, welche sie aus dem Schriftenglischen ableiten und nach dem Dialekt verdrehen.

Was die Behandlung des *d* und *t* betrifft, so gilt Elwor-

---

[1] Im Kreise Hagen sagt z. B. der eine: *geluósen* (gelesen), *hālen* (holen), *wanste* (wenn du), *ofste dat daiss* (ob du das thust), *Arrolf* (Adolf), *werre* (Wette), *eck harre* (ich hatte), *verwîten* (verweisen) — der andere dagegen, indem er sich dem Hochdeutschen nähert: *geliésen, huólen, of de dat daist*, *wann de*, *Addolf*, *wedde*, *eck hadde*, *verwîsen*.

thys Regel nicht strenge. Man findet *child* V 3, 71 und *chile* V 3, 79, *an* C 3, 194, *roun'* C 3, 194, *behind* und *mind* 3, 61, *wind* 3, 203, *an* C 3, 194 usf. Natürlich sind die Formen ohne *d*, *t* echter. Die Pt. u. PP. mit Abl. haben nie ein *d*, *t*. Die ohne Ablaut haben es stets. Ausgenommen sind Pt. *come* und PP. *acome.* Die Schuld liegt am Schriftengl. Beide haben offenes *ō*, das (was das Pt. angeht) nicht etwa zufällig gleich dem Prs.-Vok. ist, sondern vielmehr aus dem Prs. stammt. Barnes aber sah das Pt. für identisch mit dem Schriftengl. *came* an und schrieb es ohne *d*, wie er *spun*, *begun* usf. braucht. Auch *acome* ist nach dem Schriftengl. gebildet. Muss uns so etwas nicht in unserm Misstrauen gegen Barnes' Formen überhaupt bestärken?

V. Nathan Hogg, Poetical Letters in the Devonshire Dialect, 4. edition, London 1860. Der Verfasser ist Henry Baird.

Mit Elworthys Angaben, abgesehen vom Ausl., stimmen überein:

a) Verben ohne Abl.

Ia. *zee* 5. 6. *zeed* 6. *azeed* 5. 7. *gie* 8. 19. *gied* 6. 9. *lied* 6.

Ib. *kum* 10. *com* 53. 55. — Pt. *kum'd* C 9, V 8. *com'd* V 6. 6. 31. *becom'd* C 29. — PP. *com* 52. *acom'd* 31.

Ic. *urning* 7. *urn'd* V 5. 6. 8. *urn'd* C 52. auch *rin* (Prs.): *Robinsin* 55. *burk : Turk* 18. *begin'd* C 19 (: *wind*) 54.

III. Prs. *shet* 20. Pt. *shet* 20. 54. PP. *shet* 29. 56. *shuv'd* 47. *zoopin* 47. (also *sûpan* ist im Dialekt noch erhalten).

VI. *laff'd* 20. *zwared* 55. *drade* 56.

V. *holdid* 20. *drawd* 53. *val'd* C 31. V 29 — *zlayp'd* 53 *zleep'd* 10. *blaw'd* 29. *graw'd* 56.

Und auch *wair'd* C 6. *dig'd* V 19.

b) Verben mit Ablaut:

Ia. *git* 10. 11. *got* 8. 9. *agot* 8. 11. *zot* 47. 7. 9. *spoak : cloke* 55.

Ib. *brauk* V 10, C 5.

Ic. *vound* 55. *voun* 20. 19.

II. *vraut* 18.

IV. *took'd* C 8, V 5. 10. 56 *took* : *cook* 53 : *zook* 52. *stude* 6. 9.

Abweichende Formen: *zaw* (Pt. zu *zee*) : *znaw* (Schnee) 53, *baurn* : *Caurn* (Korn) 36, *begun'd* C 9. 20. D 29. *Baurn* und *zaw* sind aus dem Schriftengl. entlehnt, dem Reim zu liebe; es heisst im Innern *zeed*. *Begun'd* neben dem auch belegten *begin'd* ist das mit Hinsicht auf das Schriftengl. *begun* verfeinerte Pt. und PP.

Baird macht in der Behandlung des auslautenden *d*, *t* keinen geregelten Unterschied; vgl. noch *cole* V 47, *ole* C 8, *bess* C, 10 *tole* 35. In der Konjugation der sw. V. ohne Ablaut setzt er das *d*, *t* stets im Pt. und PP.; PP. *com* statt *acom'd* ist dem Metrum zu liebe aus dem Schriftengl. genommen. *Took'd* (nur im Reim *took!*) und *begun'd* beweisen, dass auch im Devonshiredialekt Bildungen mit sw. Endung und Ablaut zugleich geläufig sind; Jennings bot nur das eine *took'd*.

Dass Baird näher als Jennings u. Barnes an die Angaben Elworthys heran kommt, der sich bemüht, den Dialekt so rein wie möglich, d. h. den Dialekt der geringsten Leute darzustellen, wird aus dem Inhalt der Dichtungen erklärlich: Baird schildert humoristische Scenen des Alltaglebens; das liess sich am besten mit dem einfachen, unverfälschten Dialekte machen J. und Bs. geben uns vorzugsweise lyrische Gedichte mit so künstlichen Betrachtungen und Gefühlsschilderungen, wie sie im einfachen, literarisch ungeübten Dialekt unmöglich sind.

SCHLUSSWORT DES HERAUSGEBERS.

Infolge der Abwesenheit des Verfassers aus Deutschland ist die Korrektur des grössern Teils dieser Abhandlung mir zugefallen. Etwaige kleine Ungleichmässigkeiten der Schreibung wolle man mit Rücksicht auf diesen Umstand entschuldigen. In ein paar von mir hinzugesetzten, t. B. gezeichneten, Anmerkungen habe ich mir erlaubt, gewisse

Missverständnisse des Verfassers in betreff meiner Schrift über Chaucers Sprache und Verskunst zu berichtigen. Im übrigen habe ich der Versuchung widerstanden, meine eigenen Ansichten, wenn sie von den hier entwickelten abwichen, zur Geltung zu bringen oder in Fragen, welche offen gelassen wurden, eine Entscheidung in meinem Sinne vorzuschlagen. Solche Enthaltsamkeit schien mir um so mehr geboten, als ich es mir in anderer Hinsicht – aus Mangel an Zeit – sogar versagen musste, die Citate aus Robert von Gloucester mittelst der neuen, Wright'schen Ausgabe, welche dem Verf. noch nicht zu gebote stand, zu verificiren.

Bernhard ten Brink.

ZUSATZ DES VERFASSERS.

Die vorliegende Abhandlung wurde bereits im Winter 1886/7 vollendet und befand sich seit Ende 1887 nicht mehr in meinen Händen. Hieraus erklären sich gewisse Mängel, die ich, wenn ich die Schrift jetzt auszuarbeiten hätte, vermeiden würde. Über einige Fragen würde ich mich jetzt behutsamer äussern, ein paar Erklärungsversuche ganz unterdrücken. Mein Verhältnis zu früheren Forschern anlangend wünschte ich das, was mich von ihnen trennt, im Gegensatz zu dem, was ich ihnen verdanke, gelegentlich minder einseitig hervorgehoben zu haben.

Im übrigen bemerke ich noch folgendes: zur Bezeichnung der ersten und dritten Person Sing. Prät (Indic.) ist der Kürze halber einfach Pt. Sg. gesetzt; unter Pt. Pl. sind daher alle anderen Formen des Prät. zusammengefasst.

Bournemouth, 31. Decbr. 1888.

K. D. Bülbring.

ZUR BERICHTIGUNG.

S. 8	Z. 23	ist zu lesen.	*ischuuen.*
S. 30	Z. 17	„ „ „	*nyȝe : fayrye.*
S. 53	Z. 3	„ „ „	*boren.*
S. 54	Z. 11	„ „ „	*ȝef.*
S. 54	Z. 13	„ „ „	Nur vor *c*.
S. 61	Z. 12	„ „ „	Kürze des Vokals.
S. 63	Z. 7	„ „ „	*were* als Sg.
S. 64	Z. 1	„ „ „	halte ich für sw. Bildungen.
S. 64	Z. 19	„ „ „	aus *cwœđ quăđ* erklärt werden vgl. *wos*, *iwoxe*, *iswore.*
S. 65	Z. 11	„ „ „	*e* für *i*.
S. 67	Z. 7	„ „ „	mit ȝ, *y*.
S. 67	Z. 17	„ „ „	Südwestlich *see* und vielfach *seon*.
S. 74	Z. 19	„ „ „	Auch Lamb.
S. 75	Z. 4	„ „ „	Kath. (Hs. R, B)
S. 75	Z. 13	„ „ „	Rob. Ch. Arth.
S. 78	Z. 9	„ „ „	*iþungen.*
S. 79	Z. 2	„ „ „	*ȝullen* ON
S. 79	Z. 6	„ „ „	Kath. Laȝ. r Rob. r Sh. Trev.
S. 79	Z. 8	„ „ „	Prs. *gullen* Laȝ. A.

FSC
www.fsc.org
MIX
Papier | Fördert
gute Waldnutzung
FSC® C083411

Kolibri 360 GmbH
Ferdinand-Jühlke-Straße 7
99095 Erfurt, Deutschland
produktsicherheit@kolibri360.de